科学图书馆

地球生命

LIFE ON EARTH

空中动物
In the Air

The Diagram Group 著　谭晶晶 译

上海科学技术文献出版社

图书在版编目(CIP)数据

空中动物/(美)The Diagram Group 著;谭晶晶译.—上海:上海科学技术文献出版社,2011.1
(地球生命)
ISBN 978-7-5439-4629-3

Ⅰ.①空… Ⅱ.①T…②谭… Ⅲ.①动物-青少年读物 Ⅳ.①Q95-49

中国版本图书馆 CIP 数据核字(2010)第255995号

Life on Earth:In the Air
图字:09-2005-489号

责任编辑:石 婧 陶 然
封面设计:许 菲

地 球 生 命
空 中 动 物
[美]The Diagram Group 著
翻译 谭晶晶
*
上海科学技术文献出版社出版发行
(上海市长乐路746号 邮政编码200040)
全 国 新 华 书 店 经 销
常熟市华顺印刷有限公司印刷
*
开本 740×970 1/16 印张7 字数131 000
2011年1月第1版 2011年1月第1次印刷
ISBN 978-7-5439-4629-3
定价:16.80元
http://www.sstlp.com

内容简介

本书给我们讲了昆虫、蝙蝠、鸟类、翼龙等一系列会飞的动物的故事，包括它们是怎样进化来的,它们为了适应飞行作出了哪些改变，它们有什么特殊的飞行习惯等等。想知道空中的生物世界是多么奇妙吗？赶快打开这本书看看吧！

目录

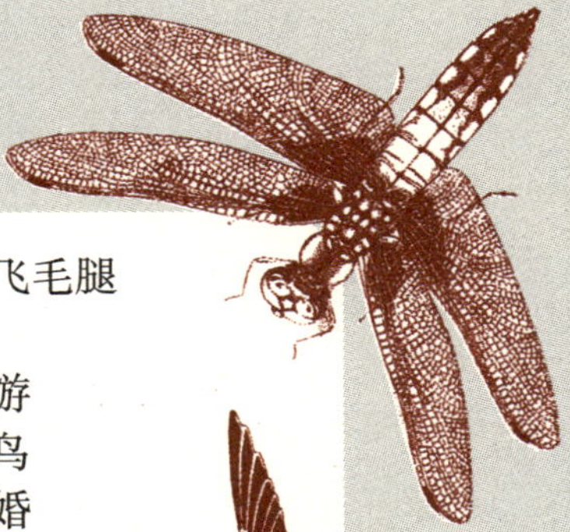

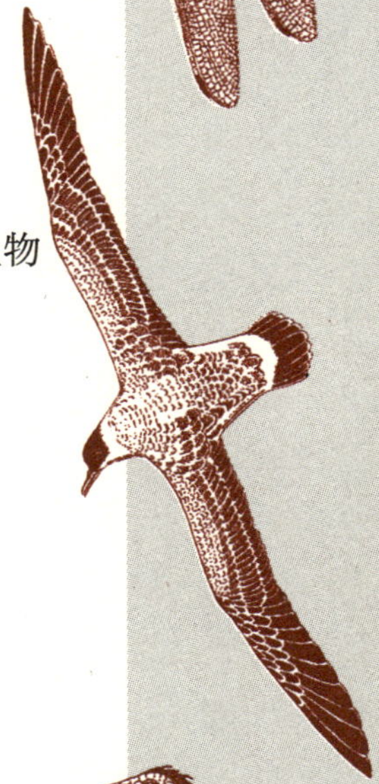

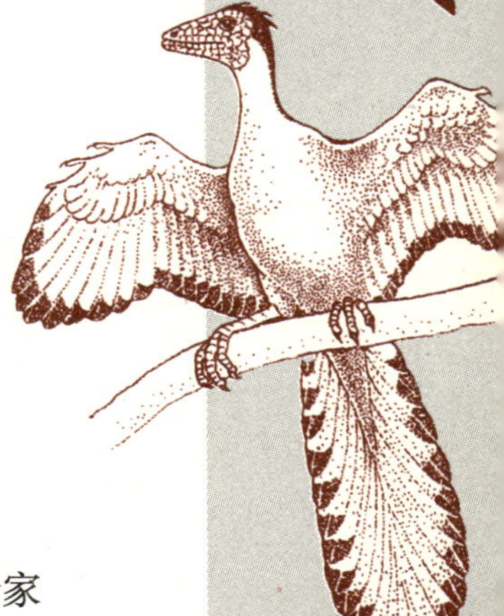
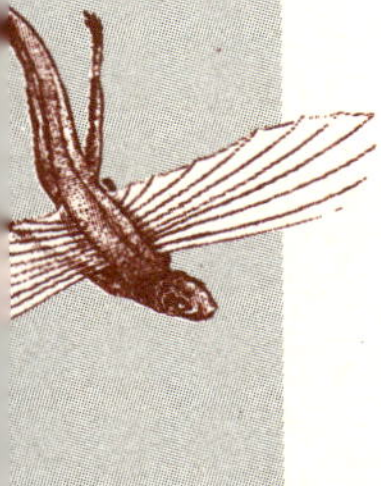

序 言

《地球生命》系列丛书是一套简明的、附插图的科学指南，它介绍了地球上的生命最早是如何出现的，又是怎样发展和分化成为今天阵容庞大的动植物王国的。这个过程经历了千百万年，地球上也拥有了为数众多的生命形式。在这段漫长而复杂的发展历史中，我们不可能覆盖到所有的细节，因此，这套系列丛书的内容清晰地划分为不同的阶段和主题，让读者能够逐渐获得一个整体的印象。丛书通过正文、标示图标、注释、标题和知识窗等各种方式帮助读者掌握重点信息，相关网站则为读者提供了关于附加信息的相关网络资源的连接。

《地球生命》这套系列丛书总计六卷，《空中动物》是其中的一卷。这一卷我们介绍了居住的这颗星球和生活在它上空的动物的进化过程和多样性，其中既包括古代的，也包括现代的。我们共分六部分向读者讲述：

第一部分：爬行动物和飞行动物。介绍的是那些空中的动物，不管它们是被动地漂浮在空中，还是主动在空中滑行。这一部分里包括了现代的爬虫和两栖动物以及几十万年以前的古代爬虫。

第二部分：最初的飞行家。讲的是早期那些自主飞行的昆虫是怎么进化的，还讲了从蜻蜓到甲虫等各种现代昆虫的发展过程。

第三部分：脊椎动物征服天空。描述的是翼龙的进化和发展过程，它是最先能真正飞行的脊椎动物。书中详细描述了这种动物从最初产生到最后灭亡的过程中各种不同的种类。

第四部分：鸟类接管天空。介绍的是鸟类是怎样从恐龙进化来的。这一章给大家介绍了一些现在已经知道的最初的鸟类，还给大家展示了很多鸟类开发自己飞行能力的方法。

第五部分：会飞的哺乳动物。这一章讲的是蝙蝠，在哺乳动物群体中，它算是数量最大、种类最多的一种。这个群体非常吸引人，可是对人类来说，它们又隐藏得很深。这一章就是要给大家简要介绍一下它们为了更好地适应飞行而做出的大量改变。

第六部分：迁徙。主要讲的是那些会飞的动物们随着季节的变化而做的各种旅行，给大家介绍了它们迁徙的目的，它们飞过的惊人的距离，还介绍了它们迁徙时的壮举。

《地球生命》系列丛书囊括了所有的生命形式，从细菌和海藻到树木和哺乳动物。它重点指出，那些幸存下来的物种对环境的适应和应对策略具有无限的可变性。它描述了不同的生存环境，这些环境的演化过程以及居住在其中的生物群落。系列中的每一个章节都分别描述了根据分类法划分的某些生物组群的特性、各种地貌或这颗行星的特征。

《地球生命》是由自然历史学的专家所著，并且通过线条画、标示图表和地图等方式进行了详尽的诠释。这套系列丛书将为读者今后学习自然科学提供核心的、必要的基础。

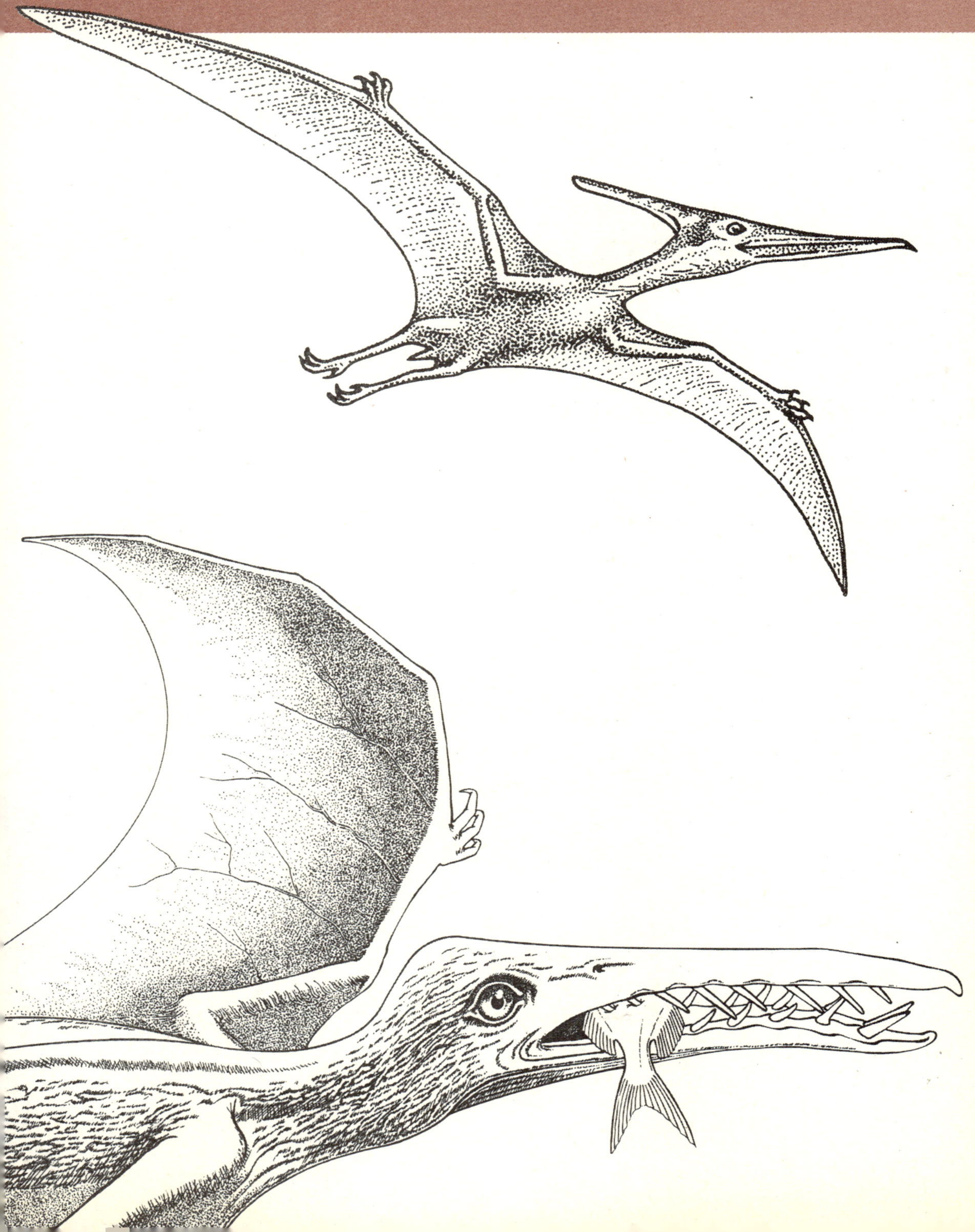

一 爬行动物和飞行动物

大气

照到地球的太阳辐射大概有一半能接触到地球的表面，这样就能让地面保持一个适合生存的温度。其他的辐射要不就从大气中那些比较靠上的层次中反射出去，要不就是用来加热距离地球表面320千米的暖层了。距离地面11千米到48千米的地方是平流层，它里面包括臭氧层，那些对人体有害的紫外线到达地面以前，臭氧层就把它们过滤掉了。从地面一直到平均11千米高的地方是对流层，云朵就是在那里形成的，天气的变化也是在那里发生的。这一层的厚度不均匀，在赤道上的厚度是它在两极上的两倍。在对流层里，温度会随着高度的升高而降低，在对流层最

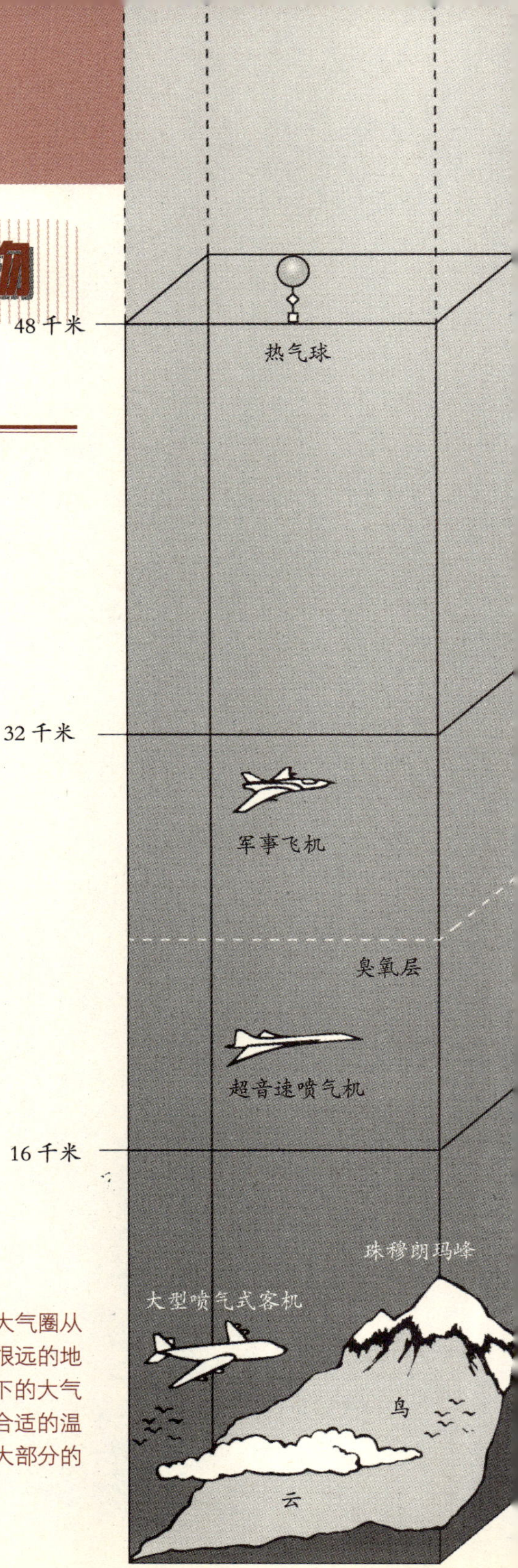

地球的大气圈从地面一直延伸到700千米的高度，然后越来越薄，最后就消失在外太空了。不过，大气圈75%的质量都集中在距离地球表面11千米的高度以内，而空气中的生物大部分都生活在距离地面几米的地方。

大气层底部

虽然地球的大气圈从地面一直延伸到很远的地方，可是只有靠下的大气有足够的氧气、合适的温度和气压来支持大部分的生命形式。

知识窗

航空飞机一般都是在平流层飞行，有一些是在12千米的高度飞行，而那些超音速喷气式飞机可以飞到18千米的高度。人类如果没有保护装备就不能到那么高的地方去，因为大部分人只要站在世界最高的山峰上，呼吸就有困难了。大部分动物都只能生活在对流层的底部，不过有些鸟能飞到8千米的高度。

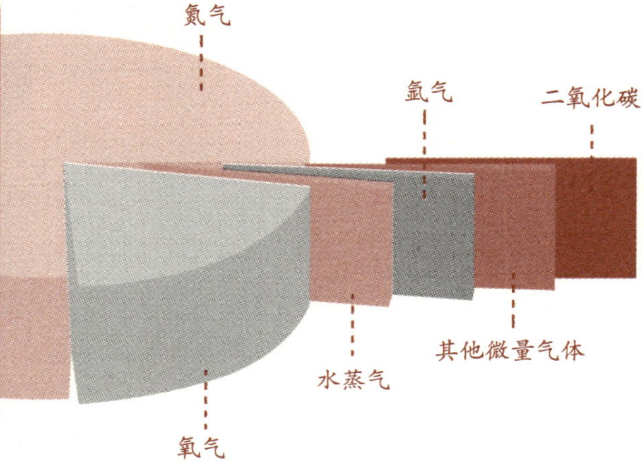

空气成分（上图）

很长一段时间以来，地球大部分的大气圈都保持这样的成分，尽管现在的比例有一点变化。现在，大气里的二氧化碳含量正在慢慢变高，这可能和人们的活动有关。

上面的地方，可能会碰到非常急的气流，那种气流有480千米宽，在它的中心，风速非常快，可以达到每小时320千米。

我们在地球表面呼吸的空气里大约有21%的氧气，76%的氮气，1%的氩气，1%的水蒸气，0.03%的二氧化碳，还有其他一些微量气体。大概10亿年来，这样的空气成分都没有发生什么变化，我们说的植物和动物，从它们产生以来就一直生活在这样的空气里。在地球历史的早期阶段，空气的组成和现在大不一样，那时没有氧气，而有大量的二氧化碳、水蒸气和氮气。后来，细菌和单细胞植物开始进行光合作用，用阳光、水和二氧化碳来制造食物，同时还生产出氧气，这样大气就慢慢地变成我们今天呼吸的这个样子了。

和水比起来，空气太稀薄了，几乎不能提供机械上的支持，不能很好地承担动物的重量，所以，动物们需要有专门的宽大的翅膀，这样才能让自己飞起来，而且能推动自己向前飞。在整个世界的历史上，只有四种动物成功地飞起来了，它们是昆虫、鸟、蝙蝠，另外还有翼龙，它是爬行动物，早就已经灭绝了。这四种动物的翅膀都是不一样的。

就像海里的水流会带走浮游生物一样，空气中的气流也能让生物运动起来，在距离地球42千米的地方还能找到细菌。有些植物的种子自己带着降落伞，有些非常轻，可以被风吹走。有一些动物有规律地变成了“空气中的浮游生物”。

空气里的浮游生物

沙漠里有时会有一些临时的小湖泊，盐水小虾就生活在那里。它们产的卵非常小，非常轻，所以一旦湖水干了，风就能把它们的卵吹到一个别的地方去，那里就是它们的新家。气流刮起来的时候，小飞虫和蚊子就会被吹到很高、很远的地方。蚜虫飞得很慢，它们也很容易被吹离航线，吹到离地面很高的地方。这些小昆虫就是飞鸟们最主要的美食。

有时候“苍蝇”在空气里的浮游生物中显得很突出，可是它们不是苍蝇，它们的名字叫做牧草虫，和臭虫是一类。它们虽然小，却有着尖尖的嘴巴，可以用来吸植物的汁液。它们中间有一些是害虫，会危害庄稼生长。它们的翅膀像羽毛那样柔软，在温暖无风的日子里，它们就会聚集在植物的顶端，然后开始飞行。只要空气有一点点运动就能让它们飘起来，飞到好几千米以外的地方。它们虽然

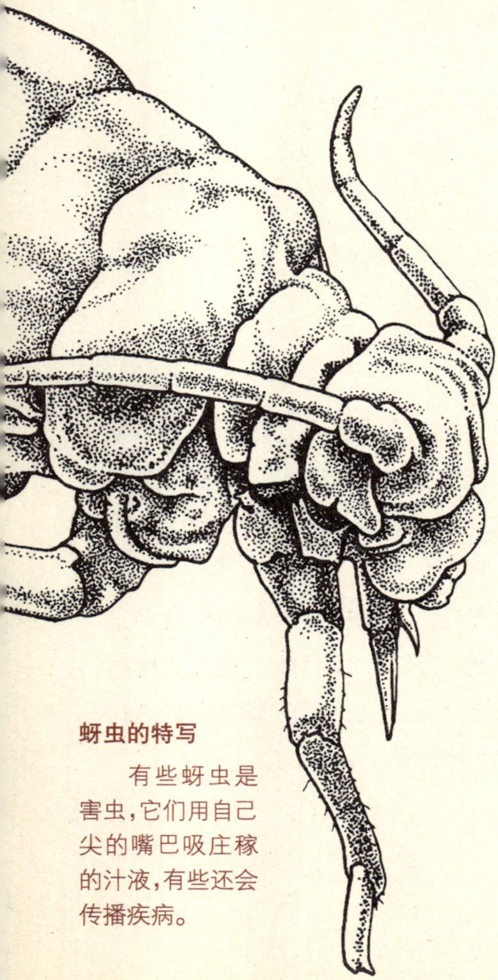

蚜虫的特写

有些蚜虫是害虫，它们用自己尖的嘴巴吸庄稼的汁液，有些还会传播疾病。

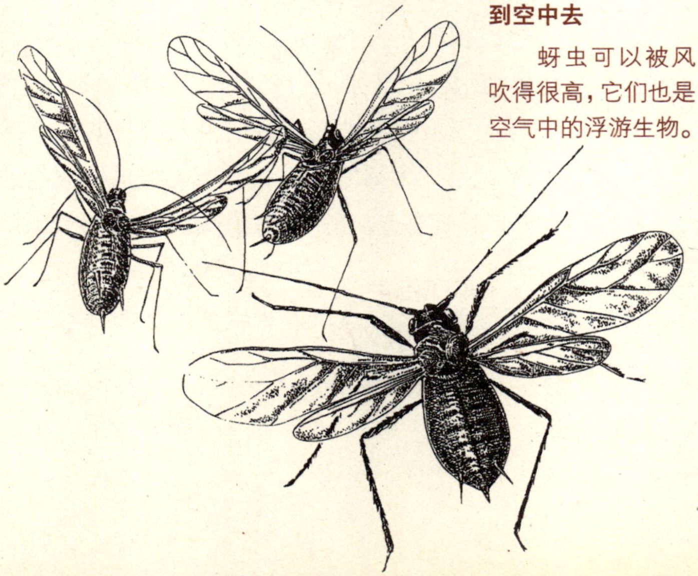

到空中去

蚜虫可以被风吹得很高，它们也是空气中的浮游生物。

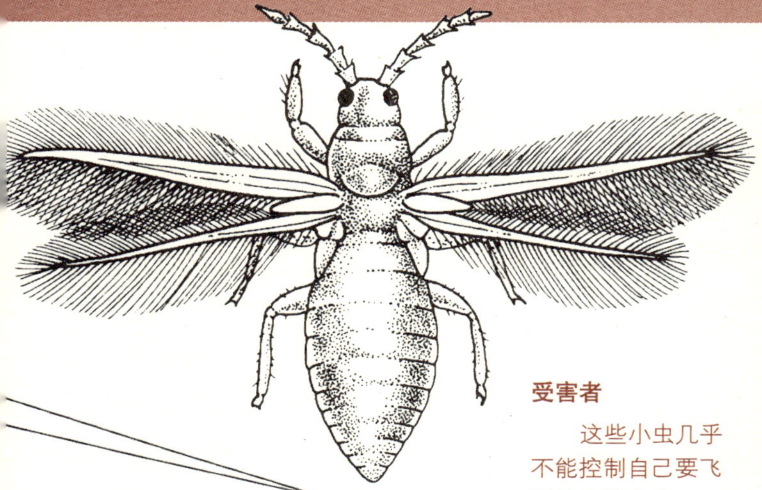

受害者

这些小虫几乎不能控制自己要飞到什么地方去。

知识窗

大风和暴雨可以把比昆虫大得多的动物带到天空里去。有时我们可以看到报道说，天上会下“青蛙雨”、“鱼雨”，有时候甚至是更大的动物，就连奶牛也可能被吹到树上去呢！

很小，数量却很大，夏天一个牧场上空可能就会有好几吨这样的小虫聚集在一起。

小蜘蛛用风来帮助它们跑到不同的地方去，它们先站在一个比较突出的地方，吐出一根线或两根丝，然后用脚趾头保持平衡，等着风吹起来，就带着它们用丝做成的降落伞出发了。有时候，蜘蛛太多了，天空里就满是它们吐出来的发亮的线。小蜘蛛们可能会被风带到很远的地方去，有时候去的地方可能并不适合它们生活。以前达尔文环游世界的时候，就发现他的船桅上爬满了小蜘蛛，可是那时他的船距离南美洲的海岸有100千米！

蜘蛛和昆虫可能会被带到很高很高的山上去。有时候山顶的白雪上会满是小虫子，它们都是被风带来的，可是又跑不掉，就成了高山上鸟儿们的美餐。

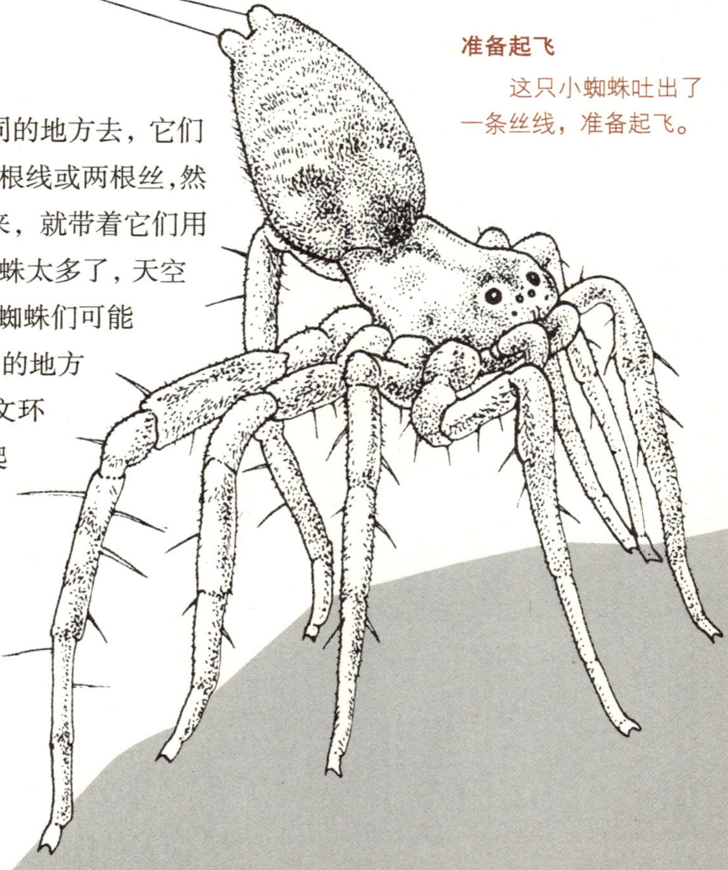

准备起飞

这只小蜘蛛吐出了一条丝线，准备起飞。

现在世界上还活着的爬行动物和两栖动物里，没有一种是真正能飞的，不过它们中间有一些从树上降落的时候，可以像跳伞一样优美，有一些甚至还可以自己控制方向，向下滑行。

会滑行的爬行动物和两栖动物

树蛙在爬树的时候经常把它们脚趾末尾的吸盘张开，这样它们就可以牢牢地抓住树干。有些树蛙前后脚的脚趾之间有巨大的蹼。它们从树上跳下来或掉下来的时候，就努力不让自己的身体变弯，使劲伸开自己的四肢，还把自己四只脚上的蹼都打开，这样它们掉下来的速度就会变慢，垂直落下来的时候和地面接触也会比较轻柔，要继续移动也比较方便。有一种树蛙叫做马来西亚飞树蛙，它的降落习惯非常有名，不过它这样还算不上是真正的飞行，而且它也不能控制降落的方向。

南亚有几种特别的蜥蜴，它们叫做“飞龙”。可是它

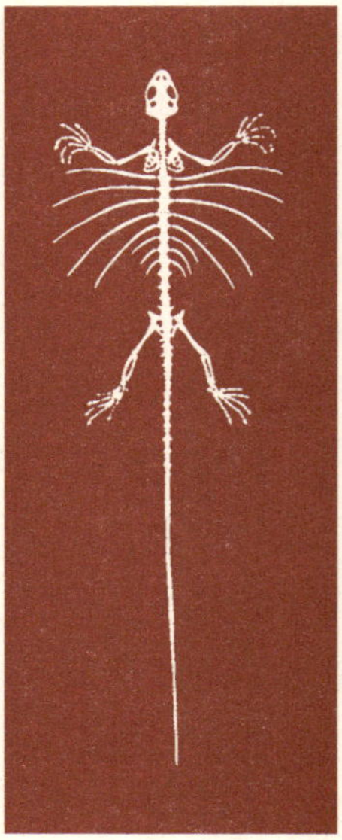

知识窗

有人看见飞龙可以在两棵树中间滑行 60 米。

准备起飞

这只飞龙张开了肋骨，这样就能在空中飞行了。

们长得和名字不太相称，只有20到40厘米长，而且体型很娇弱。它们确实有“翅膀”，这种“翅膀”其实就是它们身体两侧的皮肤，这些皮肤可以伸展。飞龙的肋骨从身体的两侧伸出来，伸得很长，那些皮肤就被这些肋骨拉得很大。这些肋骨可以打开、合拢，就像扇子一样。当飞龙在树枝上跑的时候，它的肋骨是合拢的，可是当它要到另一棵树上去的时候，肋骨就打开了，这样就可以张开翅膀飞过去。它会用20度的角度飞过一片空地，然后落在另一棵树的树干上。飞龙好像能把它的降落控制得很好，而且降落时它的头还是向上朝着树干的，这样它一降落下来，很快又能开始爬树。

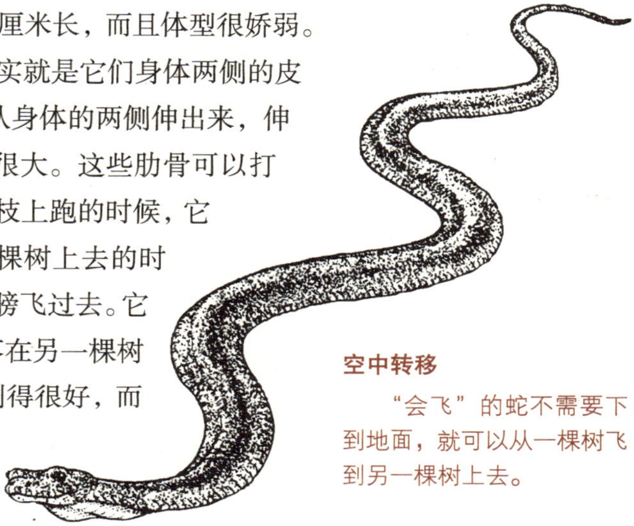

空中转移

“会飞”的蛇不需要下到地面，就可以从一棵树飞到另一棵树上去。

除了在降落的时候把身体变平以外，有一些树上的蜥蜴采用了其他的办法，这样它们也能滑行。东南亚的“飞壁虎”身体和尾巴的边缘都有鳞片，脚趾间也有蹼，它们主要的功能是伪装，不过壁虎身上虽然没有肌肉可以让它们伸展开来，可是当飞壁虎飞到地面上的时候，它们也可以很好地起到降落伞的作用。

最让人想象不到的会飞的爬行动物恐怕就是飞蛇了，它们和飞龙、飞壁虎一样也生活在南亚。它们长得又细又圆，爬树爬得非常好，可是它们有时候也会从一棵树飞到另一棵树上去。每当这时候，它们就把自己的肋骨展开，把身体变平，还把身体靠下的一面使劲拉进来，这样它就变凹了。这种降落滑行在落到另一棵树之前，需要一段距离把自己恢复成原来的样子，然后再继续爬树。

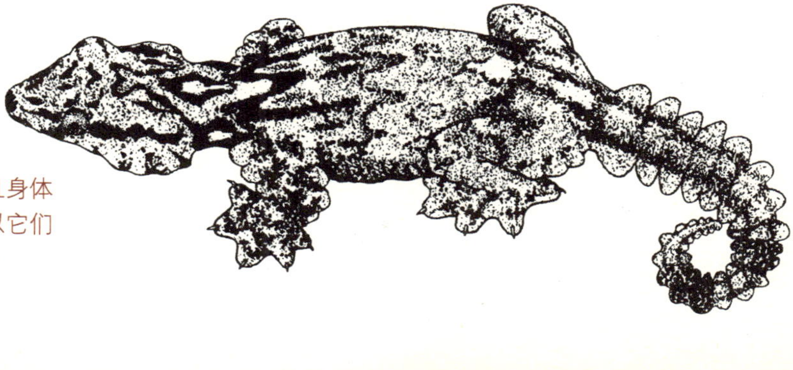

我最适合降落

飞壁虎身体非常轻，而且身体边缘有流苏一样的鳞片，所以它们降落起来也非常得力。

飞龙现在还可以见到，它的翅膀是由肋骨支撑着的，它的身体结构非常专门化，好像非常古老，不过不管怎样，它绝不是最早的会滑行的爬行动物。

会滑行的早期爬行动物

科学家们从化石记录中发现，蜥蜴那样的爬行动物刚在地球上出现，它们中的一些好像就开始在空中滑行了。它们为了适应飞行而发生的改变，和现代的飞龙惊人的相似，尽管它们和飞龙并不是近亲。

大约2.5亿年以前，在现在叫做马达加斯加的地方，生活着一种叫做灵巧龙的动物。这种爬行动物有着长长的尾巴，还有两排肋骨来支撑翅膀上的皮肤。它们的翅膀展开来大约有33厘米长，而这种动物的整个身体也只有40厘米长。它们很可能生活在树上，而且可以在树木之间滑行。始虚骨龙生活的年代和它差不多，可是翅膀的形状却有点不一样，它的翅膀是由21对像肋骨一样的骨棒支撑起来的。

5千万年以后，又出现了和它们翅膀的基本结构一样的动物，那就是英国的始虚骨龙和北美的依卡洛蜥。它们的肋骨比较少，大概只有10或11对，可是它们支撑着一张用来飞行的膜，这张膜非常坚固。

在大约同时代的中亚，有两种爬行动物却用完全不同的方法来飞行。有一种叫做长鳞蜥，它名字的意思就是“长长的鳞片”，说得更准确一点，就是靠近它脊椎的地方有一些特别长、特别平的鳞片，这些鳞片比它的身体还长。当它休息的时候，这些鳞片就合拢放

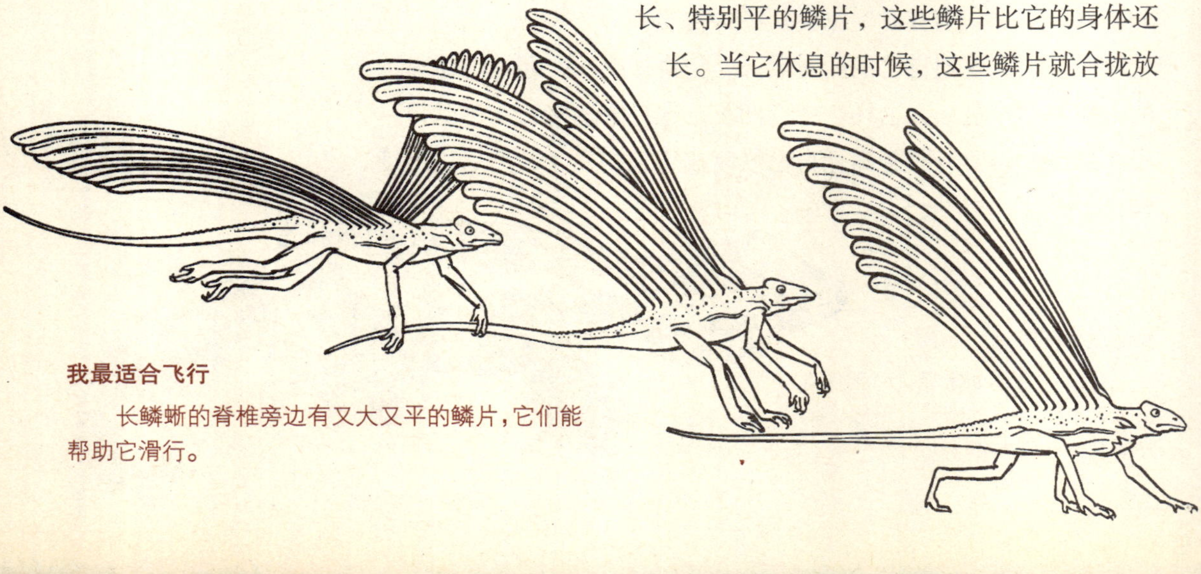

我最适合飞行

长鳞蜥的脊椎旁边有又大又平的鳞片，它们能帮助它滑行。

依卡洛蜥

这种动物的肋骨可以给它们的滑行装置提供支持。

始虚骨龙

这种动物的滑行装置像一个圆盘。

在背上，可是一旦要飞的时候，它们就向两边展开，变成翅膀。有些人不同意这种说法，他们认为在飞行的时候，鳞片根本不起什么作用，这种构造就是用来向异性展示和调节体温的。不过，一种构造当然可以有好几种用途。比如现在还活着的飞龙，它们肋骨间的皮肤非常鲜艳夺目，求偶的时候就用它来讨异性的欢心，可是飞行的时候，这些皮肤的作用也是很大的。

莎洛文蜥有着长长的后腿和尾巴，在它后腿的末端和尾巴的根部之间，有一张皮质的蹼。现在还不知道，它的前腿上是不是也有一张这样的蹼。这种 25 厘米长的小动物飞起来的时候，有点像是一张被扔出去的纸。有些科学家说，它这种长长的后腿和短短的前腿很不适合爬树，不过有些爬树的哺乳动物也有这样的腿，它们常常紧紧抱着树干，而不是在树枝上跑。莎洛文蜥可能也和它们一样，常常用后腿起飞，然后采用滑行的办法，在树木之间来往。

这些会飞的爬行动物的化石告诉我们，它们的共同点就是都是小动物，比如长鳞蜥只有 12 厘米长。一般说来，脆弱的小动物不像大恐龙那样容易变成化石，那么，到底还有多少会飞的爬行动物是我们不知道的呢？

现存的飞龙

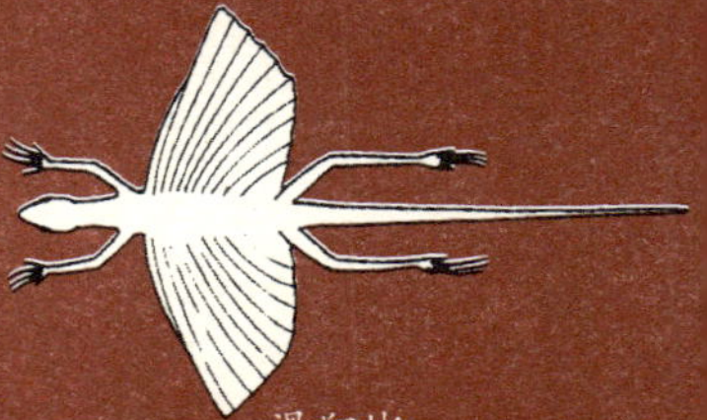

滑翔蜥

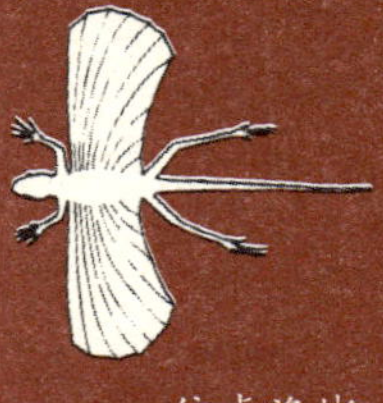

依卡洛蜥

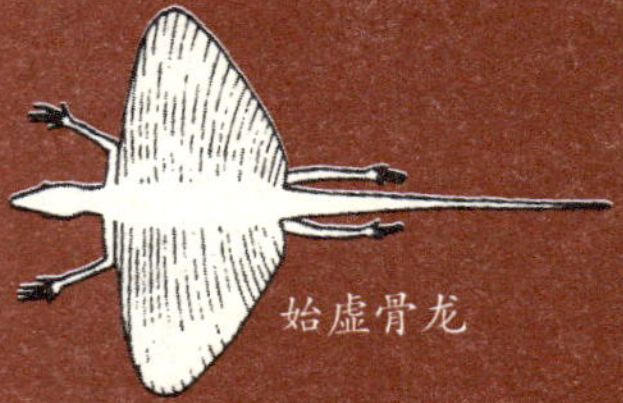

始虚骨龙

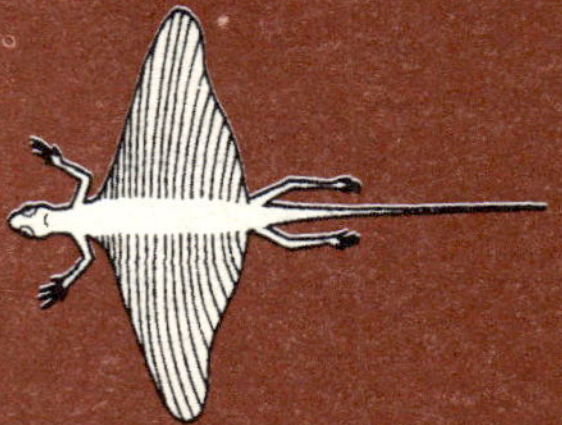

灵巧龙

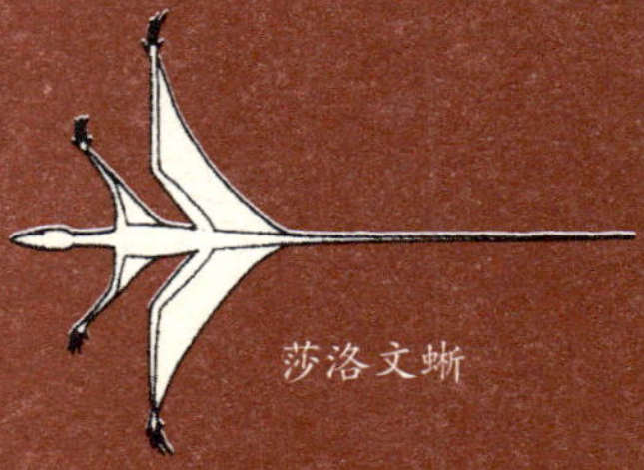

莎洛文蜥

大约有50种啮齿动物可以通过滑行翼在空中飞行，其中大多数都是真正的松鼠。

会飞的松鼠

我们说的飞松鼠生活在美洲的中部和北部以及亚洲北部，不过它们在南亚和东亚最常见。其实它们和松鼠一点关系也没有，和老鼠反倒是近亲。鳞尾飞松鼠（就是尾巴上长着鳞片的飞松鼠）家族中一共有七个种类，其中有六种都会滑行，它们生活在非洲的森林里。

飞松鼠的身体旁边有一层毛茸茸的皮肤，那是它们的副翼，连接在前面真正的翅膀上。有几种飞松鼠的副翼更加宽大，一直延伸到它们的脖子和尾巴上。对真正的飞松鼠来说，它们爪子的关节上长着一块软骨，这块软骨对它们的副翼起着支撑作用，而且副翼要张开的时候，也靠这块软骨来带动。对于鳞尾松鼠来说，同样的任务由肘关节上的一块软骨来完成。它们的副翼上长有肌肉，肌肉的松紧可以控制副翼的开合。

飞松鼠起飞的时候要先跳一下，那些体型比较大的飞松鼠滑行的距

仰视

从下往上看，飞松鼠滑行翼的大小。

离竟然可以高达450米。它们通过改变翅膀的位置和副翼的形状来调整方向或转弯。当它们到了目的地的时候，就把尾巴垂下来当刹车，然后把头抬起来。它们轻轻地落在树干上，准备爬树，如果有必要的话，也可以准备下一次起跳。毫无疑问，很多飞松鼠对自己的飞行都控制得很好。

所有的飞松鼠都是晚上才出来活动的，白天的时候它们就在树洞或巢穴里休息。它们吃的是坚果、种子、花、叶子，有时候还吃昆虫，尤其是那些小个子的飞松鼠，它们最喜欢吃昆虫。小型飞松鼠即使加上尾巴，也只有8厘米长。而大型的飞松鼠中最大的那种，加上尾巴有61厘米长，重量也可以达到2.3千克。

大部分飞松鼠每次生的孩子都不会很多，那些小飞松鼠长得很慢，它们一旦断了奶，就必须要会飞。大多数飞松鼠都生活在温暖的丛林里，但是也有的飞松鼠生活在凉爽的亚洲针叶林里，还有的甚至生活在喜马拉雅地区的针叶林里，白天的时候它们就躲在高高的悬崖上的山洞里睡觉。

你知道吗

为什么它们都在晚上飞行呢？飞松鼠这种夜间活动的习惯是不是可以保护它们，可以不被那些白天活动的肉食动物（比如老鹰）吃掉呢？另外，猫头鹰也是他们要躲开的对象。在美国南部有一些小型的飞松鼠落地的时候，常常要围着树绕一圈，跑到树的另一边去。它们这样做，是不是为了防止猫头鹰的突然袭击呢？

夜视

这种北美飞松鼠的眼睛很大，这样它在晚上也能很清楚地看到自己要降落的地方。

除了飞松鼠和鳞尾松鼠以外，还有两种哺乳动物也能滑行，一种是生活在东南亚的猫猴，还有是生活在澳大利亚的一种负鼠，为了飞行，它也进化出了一张滑行翼。

有口袋的滑行动物和猫猴

猫猴是一种大小和猫差不多的哺乳动物。人们已经找到了5千万年前的猫猴的化石。现代分子研究证据表明，这种动物和狐猴、猴子是远亲，可是在哺乳动物的谱系树上，我们却很难给它们找到一个恰当的位置。猫猴的滑行翼在哺乳动物里是最宽大的，从脖子开始，一直到尾巴，还沿着四肢一直延伸到手指和脚趾的最末端。它们在树间的滑行距离可以超过130米。猫猴总是在白天睡觉，到了晚上它们就从树上起飞，去找吃的。

猫猴吃的东西主要是树叶，它们有着特别发达的胃和长长的肠子，用来消化这样的食物。它们经常倒挂在树枝上，爬树也爬得很好。猫猴妈妈一次只生一只小猫猴，小猫猴长得很慢，妈妈的滑行翼就是它温暖的摇篮。

总的来说，澳大利亚是一块干燥的大陆，但是那里却

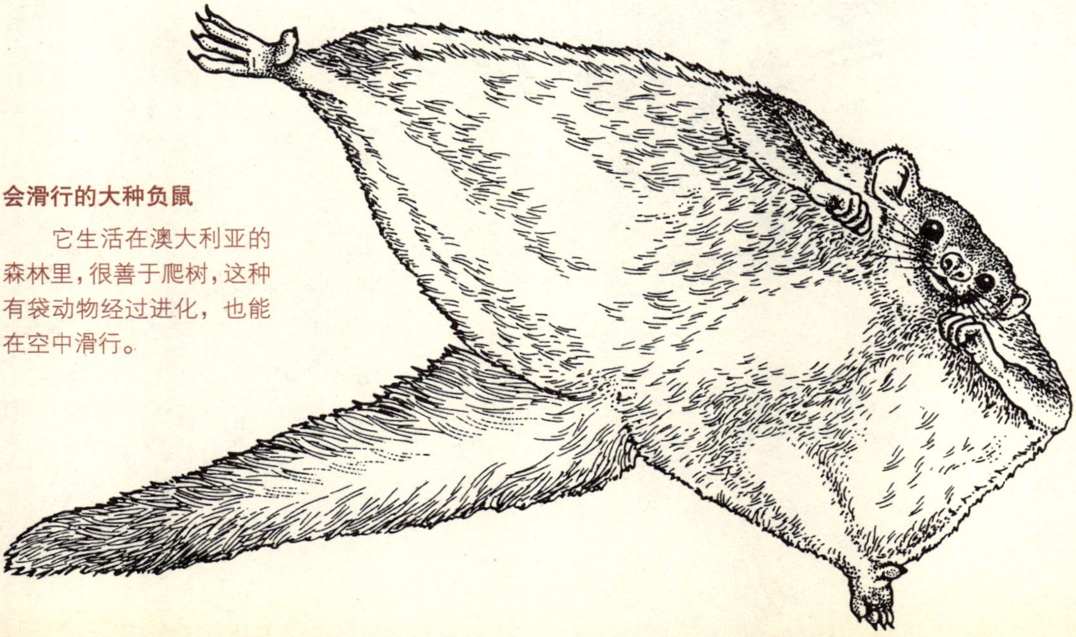

会滑行的大种负鼠

它生活在澳大利亚的森林里，很善于爬树，这种有袋动物经过进化，也能在空中滑行。

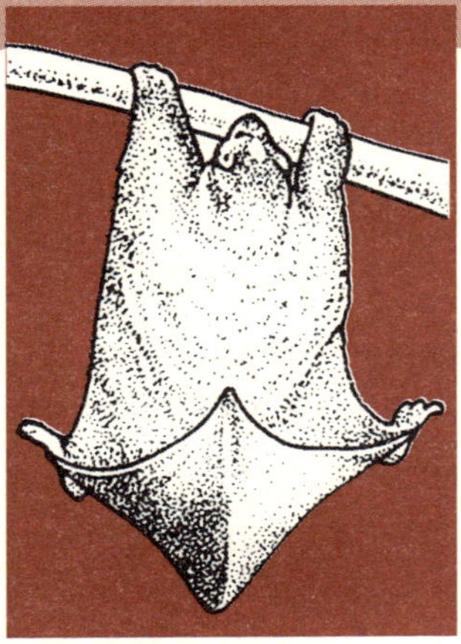

我在练悬垂

一只猫猴挂在树枝上，向我们展示它那一直连到尾巴上的、大大的滑行翼。

有一大片原始森林，有些森林里有世界上最高的树。这片地区非常容易进化出善于爬树的动物，不过有三种身上长着口袋的动物的进化更进了一步，它们的家族里进化出了会飞的成员。

会滑行的大种负鼠也是一种身上长着口袋的动物，有些地方和猫猴很相似。它也吃树叶，然后让它们在肚子里发酵，从中吸取营养。它的滑行翼从肘关节一直延伸到踝关节，可是滑行起来却很笨拙。它的尾巴有点儿长，身体加上尾巴有48厘米长。独生的小负鼠要在妈妈的口袋里呆上六个月，即使出来了以后，还要骑在妈妈的背上。

还有一些会滑行的动物靠吃树汁和树胶里的糖来生活。它们是中等大小的负鼠。最小的长口袋的滑行动物是尾巴上长羽毛的滑行动物。这种动物的身子只有8厘米长，可它们的尾巴也有8厘米长，重量也几乎不到28克。它可以滑行20米，是吃花蜜的专家，它的舌头末端长得像一把小刷子，舔起花蜜来很方便。另外，它还吃花粉和昆虫。

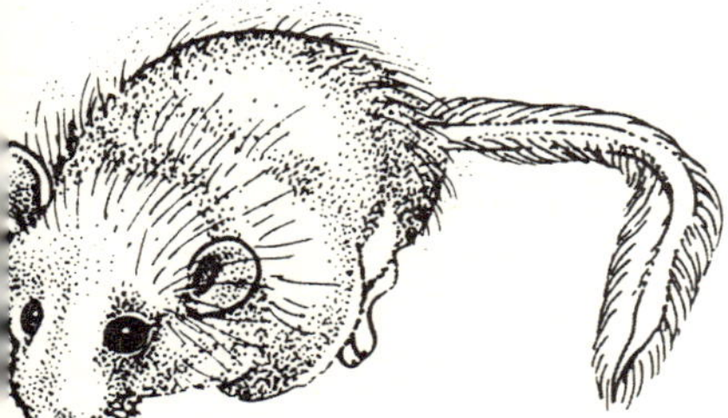

爱吃甜食的家伙

上图中尾巴上长羽毛的小个子滑行动物和右图中爱吃糖的滑行动物都非常喜欢吃甜食。

知识窗

和其他会滑行的哺乳动物一样，澳大利亚的有袋负鼠也是晚上才出来活动的。

在化石记录里，有翅膀的昆虫出现得很突然。令人惊奇的是，它们有的有着人们已知的最大的昆虫翅膀，比现在任何一种昆虫的翅膀都大。

二 最初的飞行家

最先学会飞的昆虫

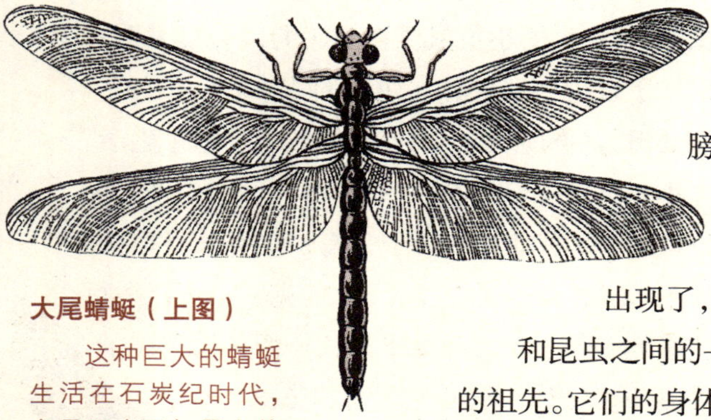

大尾蜻蜓（上图）

这种巨大的蜻蜓生活在石炭纪时代，它是现在已知最大的昆虫之一。

在距离现在3亿年以前的晚石炭纪，原始的蜻蜓就已经出现了。它有着70厘米长的翅膀和与之相配的苗条身材，它拍着翅膀，在沼泽上空翩翩飞过。

大约4 .5亿年以前，陆地上就有了类似倍足纲节动物的生物。再晚一点，“E”就出现了，从某些方面看来，它们是处于倍足纲节动物和昆虫之间的一种动物，有些科学家认为，它们可能是昆虫的祖先。它们的身体和昆虫一样可以分成头部、胸部、腹部三节，可是它们的腿有11对，昆虫只有3对。

又过了几百万年，像跳虫那样的原始昆虫出现了，不过和现在的跳虫一样，它们是没有翅膀的。尽管如此，在某些地方，昆虫的翅膀已经开始慢慢成形了。

昆虫的祖先，比如甲壳虫，它的每条腿可能有两个部分：下面那一部分是用来走路的腿，上面那一部分原来很可能是鳃，后来变成了一种静止的、像帆一样的东西。也许这些“帆”可以帮助这些昆虫轻轻掠过水面，甚至有时候还能帮助它们滑行一小段距离。当肌肉和关

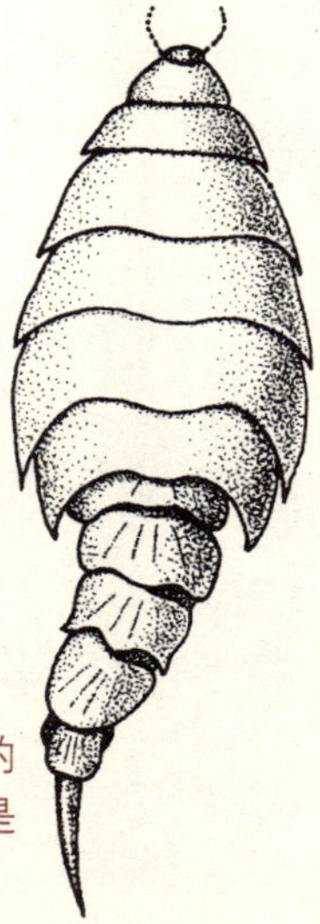

贝足纲节动物

像这样的动物可能就是昆虫的祖先。

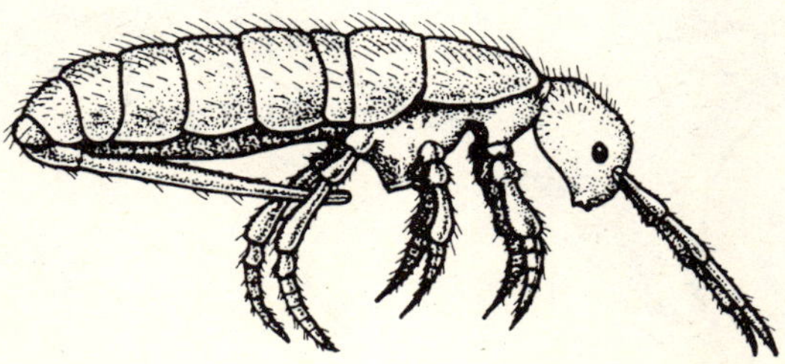

跳虫

它可以用折叠起来藏在身子下面的尾巴来帮助它跳跃，像它这样没有翅膀的昆虫早在好几亿年前就有了。

节发展到一定程度的时候，它就可能长出翅膀来。

所有昆虫的翅膀基本上都是由上下两层非常薄的皮肤构成的，这两层皮肤是从身体两边长出来的，由一些管子组成的一个网络支撑着。这些管子叫做翅脉，它里面有血液，可以给昆虫们提供力量。那些最早的昆虫，比如现存的蜻蜓，它们的翅膀都只能很僵硬地从身体两边伸出来，到了石炭纪的末期才出现了那种可以把翅膀合拢放在身上的蟑螂，这是现代昆虫的典型特征。这样它们就可以挤进那些狭窄的空隙或是栖息地，如果它们长着翅膀，这些地方是进不去的。

更新型的昆虫还削减了它们的翅脉构成的“网”，这样它们就可以以最少的消耗，得到更大、更强有力的支持。

知识窗

对于蜻蜓和其他一些原始昆虫来说，它们4个翅膀中的每一个都有着一组独立的肌肉，而它们两对翅膀扇动起来可能也不是同步的。它们的身体两侧有活动中枢，翅膀就长在那上面，可以直接通过肌肉拉动它们的翅膀。一块肌肉把翅膀拉起来，另一块肌肉就把翅膀放下去。更“先进”的昆虫可能会采用另一种不同的办法来给翅膀提供动力，不过蜻蜓这种落后的飞行装置还是可以让它们盘旋，可以让它们飞得很快，可以让它们捉到那些更先进的昆虫来当美餐。

蜻蜓是怎么飞的

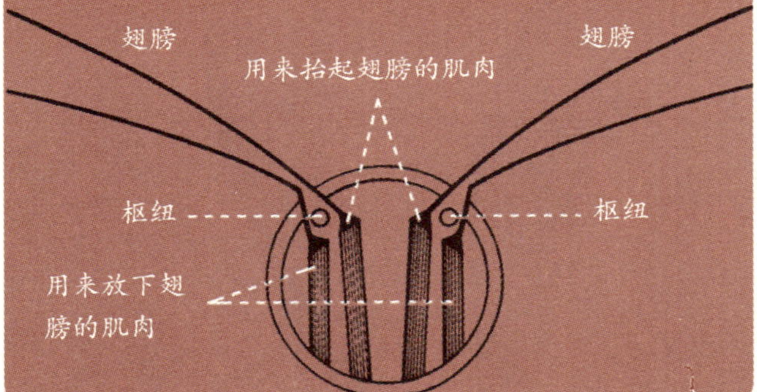

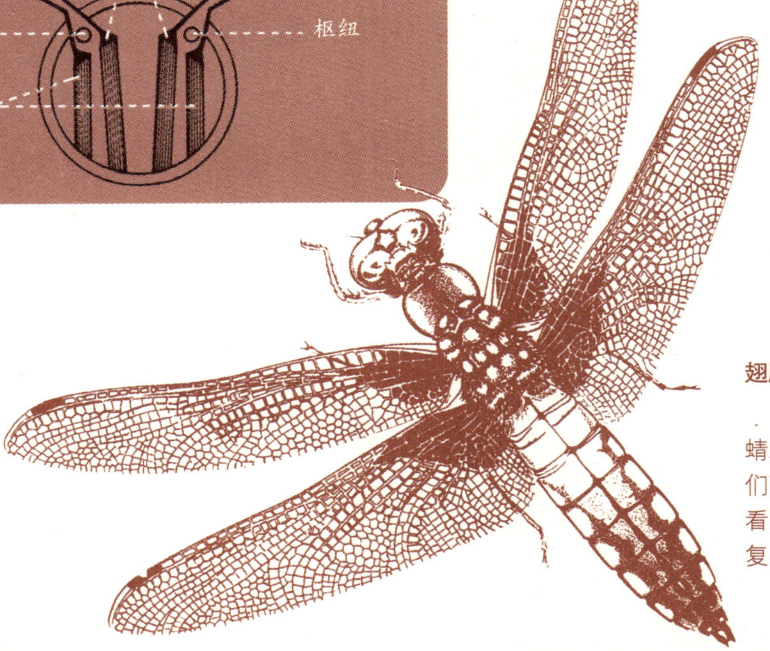

翅膀的支撑物

在这只现代蜻蜓的身上，我们可以很清楚地看到翅脉组成的复杂的网络。

像大多数的翅膀（不论是飞机的还是鸟的）一样，昆虫翅膀的基本构造也像是一个机翼。翅膀的这种形状可以让从它上表面经过的空气的速度和距离比从它下表面经过的要大。这种创造可以减少翅膀上面的压力，这样就能实现“上升”的目的，而“上升”在飞行中是最基本的。昆虫的翅膀比飞机的机翼要平整得多，可是它一旦飞起来，翅膀就会变弯，变成机翼那样利于飞行的形状。

昆虫的翅膀

昆虫和其他会飞的动物不一样的地方，就是昆虫的翅膀上没有肌肉。实际上，大部分“高级”昆虫，它们用来掌管飞行的肌肉都不是直接连在翅膀上的。它们的翅膀根部长在胸部的顶端和身体两侧之间。肌肉从胸部的顶部一直延续到底部，当它们收紧的时候，翅膀就抬起来了。其他的肌肉和它们垂直，沿着胸部向下延伸，当翅膀抬起来的时候，它们被拉长了，但是当垂直的肌肉放松的时候，它们就变短了。昆虫胸部的顶端向上拱起的时候，翅膀就向下拍。

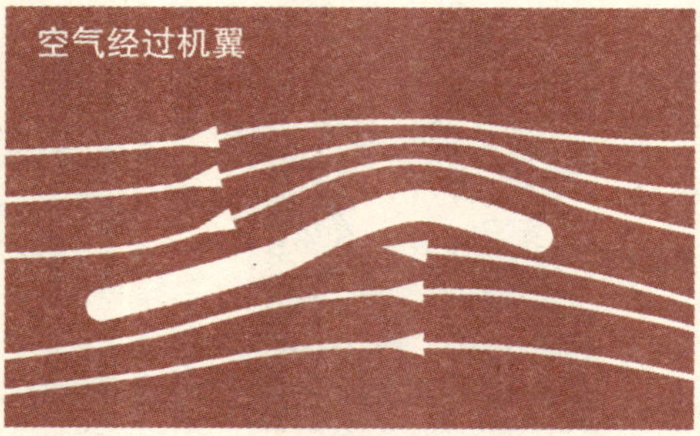

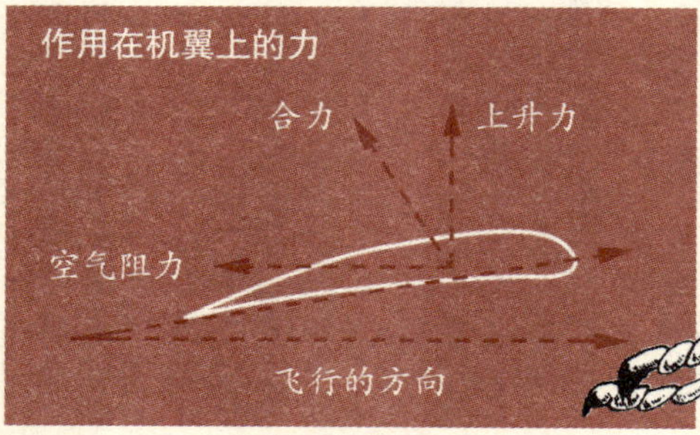

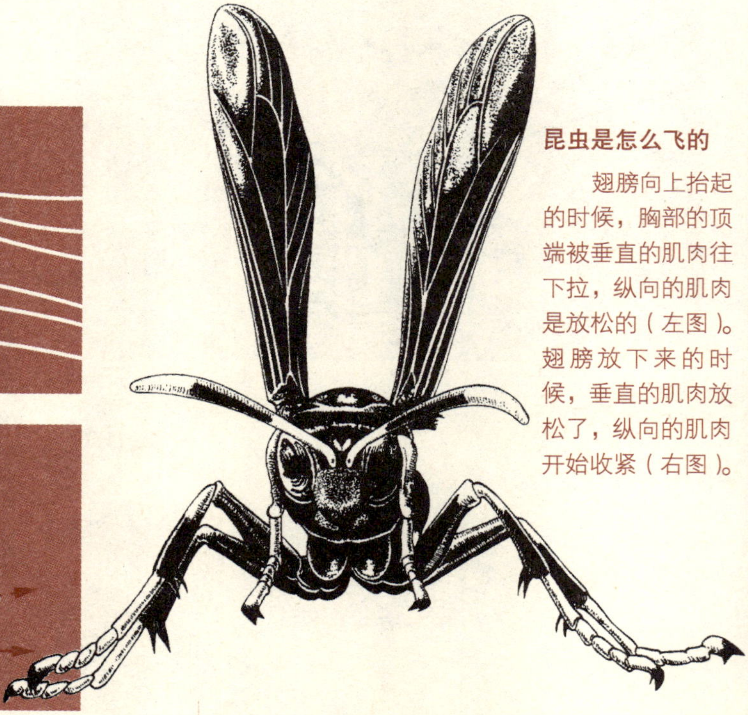

昆虫是怎么飞的

翅膀向上抬起的时候，胸部的顶端被垂直的肌肉往下拉，纵向的肌肉是放松的（左图）。翅膀放下来的时候，垂直的肌肉放松了，纵向的肌肉开始收紧（右图）。

尽管掌管飞行的肌肉并不直接连在翅膀上，但是很多昆虫都有一些小肌肉来调整翅膀展开的角度。

很多昆虫都靠翅膀末端储存能量的装置来帮助它们飞行，昆虫每次扇动翅膀以后，这个装置都可以给它们提供一个有弹性的后坐力，可以为下一次扇动翅膀提供动力。胸部的某些部分是由一种叫做“节肢弹性蛋白”的蛋白质组成的，这种蛋白质有橡胶那样的特性，有了它翅膀就可以弹回来。有些昆虫，比如苍蝇，它们的翅膀在每次扇到一半的位置时是不固定的，而每次扇动的结束位置是固定的，所以它们的翅膀在每一次扇动快要结束的时候，好像总是“咔嗒”一声就扇到那个位置上去了。因为有了这些特征，昆虫扇动翅膀需要的力气就会小一点。

关于昆虫的飞行还有很多秘密等着我们去找出答案。它们的翅膀在盘旋、直飞的时候作出的很多种复杂的运动还很难用空气动力学中的术语来解释。

另外，对于那些小型昆虫来说，它们那些对飞行很重要的动力装置和结构设计可能和大型的机器，比如飞机不一样。不过成千上万种已知的昆虫已经很好地向我们展示了它们的飞行能力，这就很有效地解释了它们的飞行是多么的成功。

知识窗

我们的肌肉每次收缩的时候需要神经给它一个信号（蝗虫那样的昆虫也是这样），可是对很多昆虫来说，一个单独的神经刺激就能让它们掌管飞行的肌肉有节奏地收紧和放松。要保持这种方式只需要断断续续的信号就可以了。比如一只苍蝇每秒钟可以扇动翅膀 120 次，可是每秒钟只需要3个信号就能让这个活动继续下去。

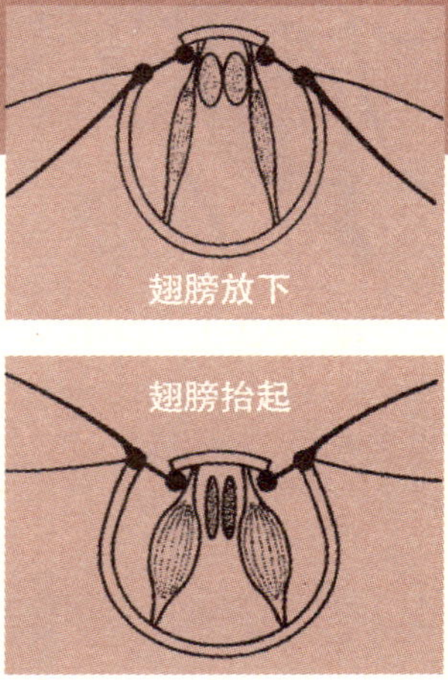

横截面（上图）

昆虫的胸部在翅膀放下来（上）和翅膀抬起来（下）时的样子。

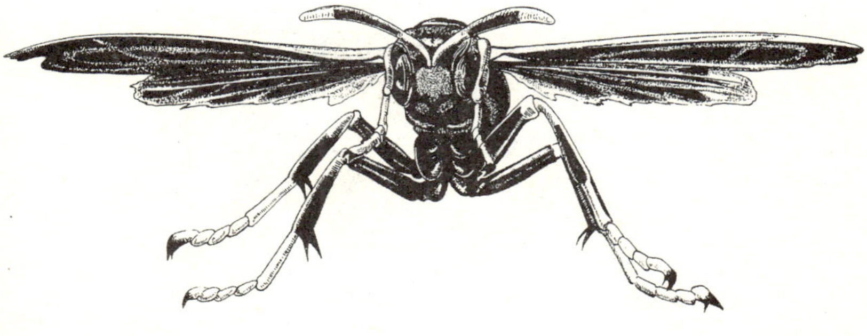

人们通常认为昆虫是冷血动物，它们身体的温度由它们身边的环境决定。这种说法一般没错，但是，当它们要飞行的时候，有些昆虫的体温就会变得惊人的高，不过它们可以把体温控制在某个范围内。

恒温飞行者

掌管飞行的肌肉的重量在昆虫的体重中，占了至少1/3，所以肌肉纤维也相应地比较大。肌肉细胞里有很大的线粒体，线粒体是细胞的“发电站”，它是给细胞呼吸提供氧气的地方。有些昆虫掌管飞行的肌肉用起氧气来好像比其他任何动物组织都要快。天蛾在飞行的时候使用氧气的速度比它休息的时候快100倍。所以，会飞的昆虫里面最强壮的那些，比如天蛾、大黄蜂，它们辛勤工作的时候，肌肉温度竟然高达40℃，便也没什么好奇怪的了。

实际上，很多昆虫在起飞以前都要先让它们管飞行的肌肉热起来，达到飞行时的温度，它们常用的办法是晒

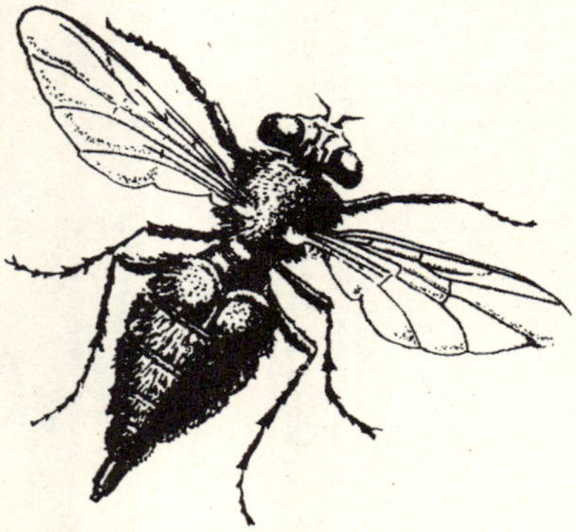

飞毛腿（上图）

马蝇是飞得最快的昆虫之一。

适应寒冷的天气（右图）

大黄蜂飞行的时候体温很高，在寒冷的天气里，这就比其他的昆虫有优势。

太阳或者是让这些肌肉振动起来。大黄蜂、蛾子和其他昆虫的胸部长着带毛的鳞片，这些鳞片就像一件大衣一样保暖。长途飞行的时候，昆虫们可能要把它们的血液集中到腹部来散热。

胸部那些管飞行的肌肉被泡在血液里，这样它们很快就有了充足的能源。有些昆虫的血液里充满了糖分，它们马上就能提供能量，不过这种能量用起来也特别快。一只蜜蜂大约在几分钟内就能用完身体里的能量，所以它必须不停地从花朵里吸取花蜜来补充能量。有些飞虫用脂肪的形式储存能量，脂肪每次都要先转化成糖分才能使用，用这种办法提供的能量要经过浓缩。蝗虫这种要迁徙的昆虫就是采用这种办法来储存能量的，它在长途飞行的时候，每个小时消耗的能量只是它体重的1%。

知识窗

有些蝴蝶飞行的时候每秒只扇动几次翅膀，天蛾每秒可以扇动90次，大黄蜂每秒130次，蜜蜂每秒225次，有些蚊子竟然可以达到每秒1 000次！飞行速度一般很难测量得到，一些昆虫可以达到每小时68千米，蜜蜂每小时肯定能飞25千米，天蛾和马蝇每小时可以飞40千米。

保暖

天蛾翅膀扇动得很快，身上还长着毛，这些都可以帮助它保持体温。

蝴蝶和飞蛾的翅膀在昆虫里是最大的。

巨大的翅膀

一般说来,飞蛾和蝴蝶扇动翅膀的速度比其他昆虫要慢。它们中间有一些飞得摇摇晃晃的,可是也有一些飞得很好,尤其是那些后面的翅膀又宽又大的大型品种。前翼和后翼连在一起,作为一个整体来工作。蝴蝶是用后翼前方一个凸起的圆片和它那叠在一起的前翼相连的。飞蛾则用后翼上一些特殊的刚毛来钩在前翼上。

有些蝴蝶能飞得很远,虽然它们看上去像是飞飞停停的,但是它们要吃东西的时候,就会又轻又准地停在花朵上。飞行的时候航线掌握得最准确的就是飞蛾了,比如飞蛾可以一边飞,一边把它长长的吸管伸到花心里去吸花蜜。当它们要盘旋的时候,翅膀就水平地前后扇动,当它们要往上飞的时候,翅膀就变成上下扇动了,所以加强了的前沿就总能给它们指路。

飞蛾和蝴蝶翅膀一个很重要的特征就是它们的颜色,在它们的翅膀上有很多非常小的鳞片,那颜色就是从鳞片上来的,比如说硫黄色的蝴蝶,翅膀上就有红色和黄色的色素。还有另外一种情况,

知识窗

有些蝴蝶和飞蛾有着很强烈的图案,这种图案常常是眼睛的形状,当它们受惊吓的时候,就扇动翅膀,这“眼睛”看起来就一闪一闪的,这样可以吓跑像鸟类那样的肉食性动物。

有眼睛的天蛾

天蛾翅膀上的“眼睛”是一个保护装置。

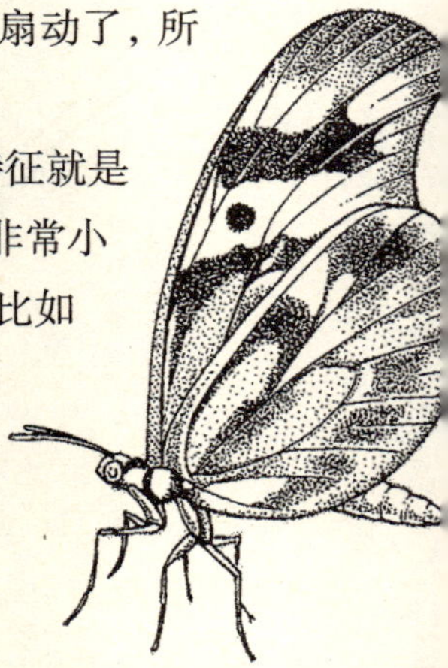

小心有毒!

海里克尼德蝴蝶的翅膀上有着非常鲜明的警告性的红色、黄色和黑色图案。

盘旋

飞蛾飞行时翅膀的扇动情况。

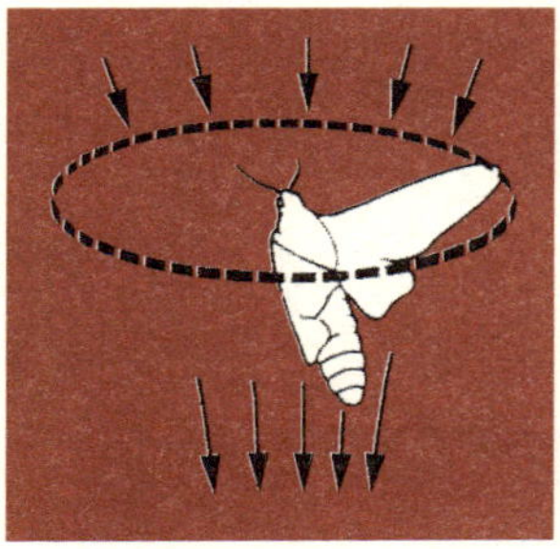

飞行

飞蛾翅膀不论向上扇还是向下扇，都能让它上升。

连起来的翅膀

一根真正的刚毛卡在前面的钩子上。

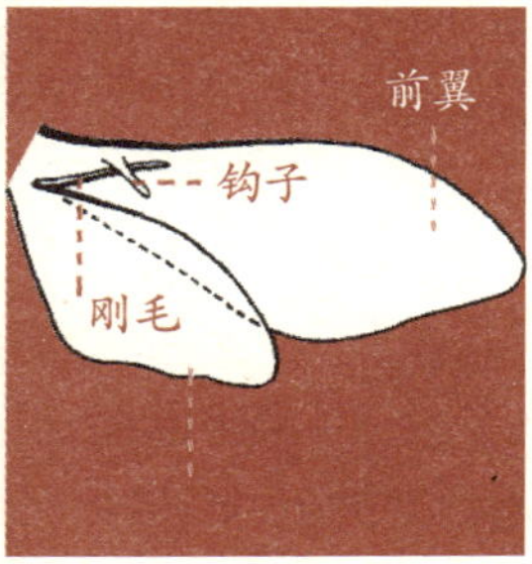

颜色是由鳞片上那些非常细小的层次反光造成的，生长在热带的大闪蝶和很多其他的蝴蝶身上那种亮闪闪的蓝色和绿色，就是这样来的。

很多温带的蝴蝶翅膀朝上的那一面颜色很暗，朝下那一面颜色却很亮。因为蝴蝶要飞的时候，得把朝上的那一面伸展在太阳下，这样才可以让翅膀升高到适合飞行的温度。当它们休息的时候，就把翅膀合拢放在背上，这样容易反光的一面就露出来了，大多数蝴蝶休息的时候都是这种姿势。

颜色还有很多其他的用途，比如它还可以帮助蝴蝶认出它们的同类，有些蝴蝶我们看起来没有颜色，可是在蝴蝶自己看来，那都是有颜色的。就拿白蝴蝶作个例子吧，在光谱的紫外部分有很强烈的图案，这种光谱人们是看不到的，可是昆虫却能看见。有些昆虫的雄性和雌性颜色是不一样的，这样它们配起对来就很方便。比如那些“蓝蝴蝶”，它们中间那些雄性的是亮蓝色，雌性的颜色就有一点带棕色。

颜色还常常可以给飞蛾和休息的蝴蝶提供完美的伪装，它们的颜色和图案总是和它们休息的环境相同的。有些昆虫身上的图案还可以提醒别人自己是有毒的，或者让别的动物认为自己的味道实在不好。

皇蛾

它是世界上最大的昆虫之一，翅膀张开来可以有30厘米宽。

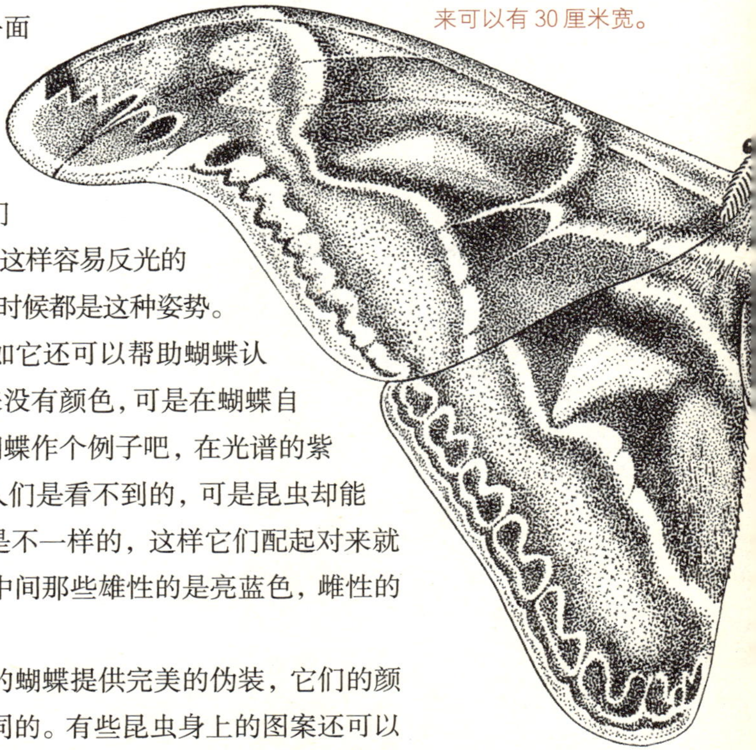

昆虫一般都有两对滑行翼，可是人们发现那些真正的苍蝇只有一对翅膀，这个特点可以从它的属名里看出来，它属于双翅目，就是有两只翅膀的意思。苍蝇这对翅膀的作用相当于其他昆虫前面的那对翅膀，不过后面那对翅膀的遗迹也保留下来了，而且它们也起着很重要的作用。

双翅昆虫

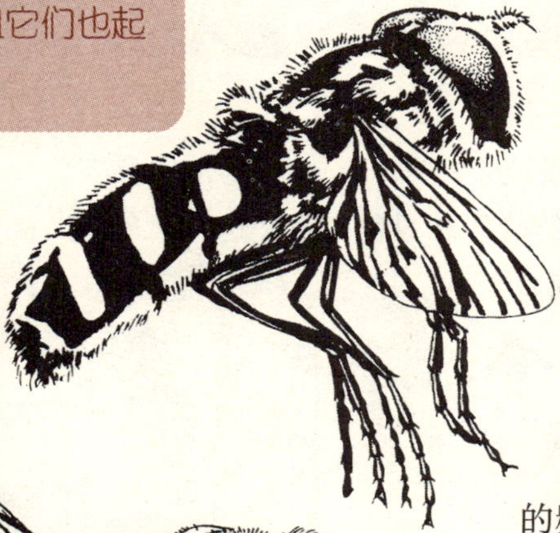

双翅昆虫（苍蝇、蚊子之类的昆虫）身上后面那对翅膀被简化成了一对肉茎，上面有两个按钮形的凸起，这就是我们说的平衡棒，它们可以帮助苍蝇飞得更平稳。飞行的时候，平衡棒会上下摆动，摆动的频率和那对真正的翅膀是一样的，可是那个按钮形的末端很重，所以当苍蝇改变方向的时候，平衡棒还要指着原来的方向，要过一小会儿才能转过来，这样一来，平衡棒根部的表皮就会被拉紧。苍蝇的感觉细胞侦察到这种情况，就会向中枢神经系统传递信息，这样就可以做出一些必要的调整来保持苍蝇的平衡。平衡棒的作用就像是飞机的回转仪一样。

在大型的双翅昆虫身上，平衡棒很容易看见，比如说有一种腿很长的蚊子叫作大蚊，它的平衡棒就很容易看见，可是小型两翼昆虫的平衡棒就很难看得见了。不过即使是最小的蚊子身上也有平衡棒。因为有了平衡棒和翅膀（它们身上有一种装置能让它们更有效地工作），再加上它

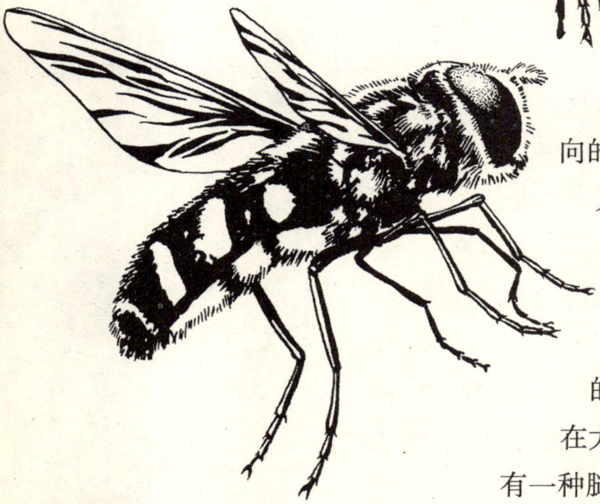

起飞

在这个顺序里，花虻的翅膀每秒钟要扇动100次以上。

们快速振动的肌肉，双翅昆虫可以算是精于飞行之道的昆虫了。它们可以在空中翻跟斗，可以侧滑，可以躲避，而且它们大多飞得很快。当它们要在天花板上降落的时候，还可以很快地把身子上下颠倒过来。

那些没有平衡棒的昆虫是怎么控制它们飞行姿势的呢？它们的办法没那么精密复杂，可是也挺管用，它们有一个系统可以保持眼睛上部一直对着光线，苍蝇可以用这个办法保持它的头部上方一直向上。如果身体和头不在一条直线上了，脖子上的传感器就会发出信号，翅膀就会进行调整，把它拉回来，有时候甚至要让它掉个个儿。

知识窗

苍蝇、黄蜂和蜜蜂都是扇起翅膀来速度最快的昆虫，不过蜜蜂有四只翅膀。有一些双翅昆虫，比如花虻，是非常出色的蜜蜂的模仿者，它们看上去和蜜蜂非常像，不过要是靠近了细看，就会发现它们只有一对翅膀。

控制飞行

在这只大蚊身上我们可以很容易地看到它的平衡棒，这对平衡棒是由它的翅膀修正来的，可以用来控制飞行。

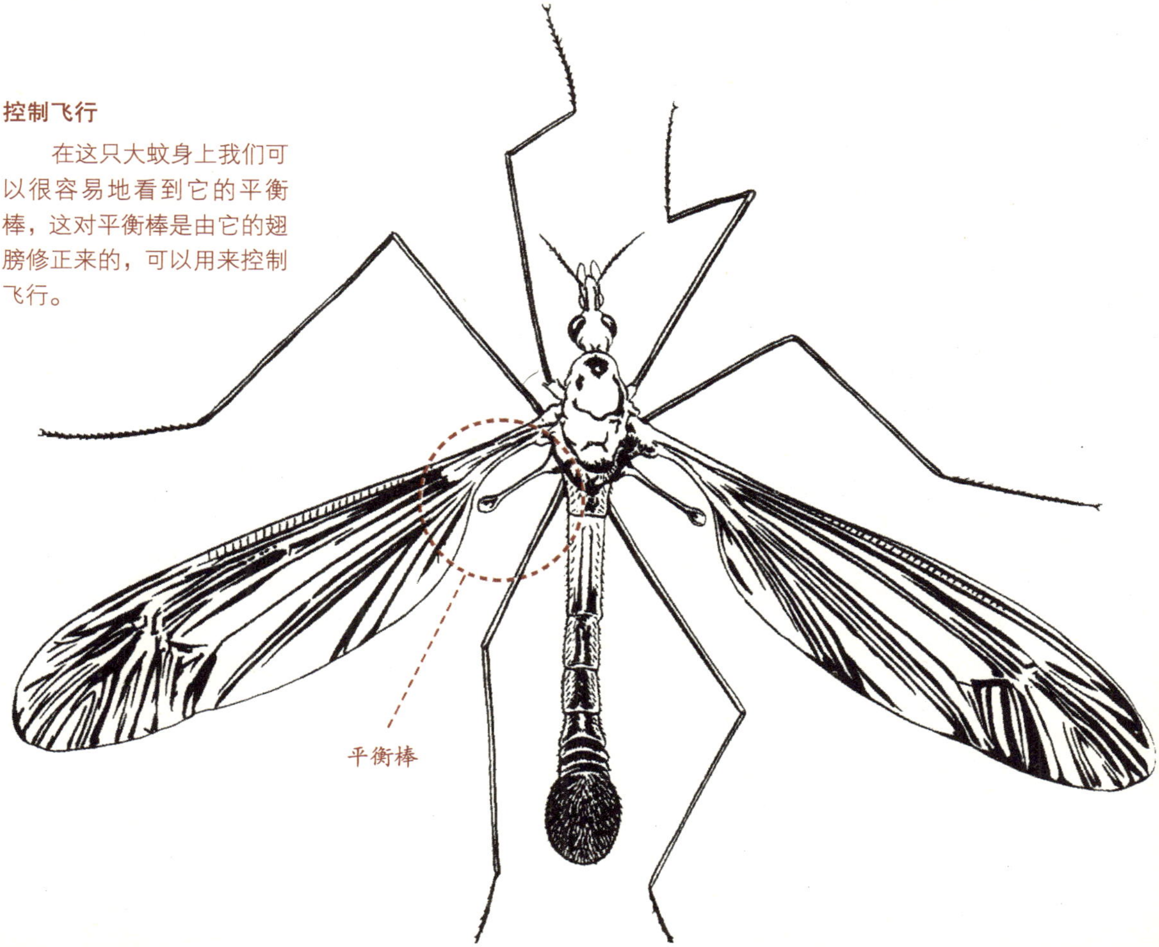

像双翅昆虫一样，甲虫只用一对翅膀来提供它们飞行时的动力。

藏起来的翅膀

对甲虫来说，后面那对翅膀被保留了下来，作为飞行翼，前面那对翅膀的功能也发生了一些改变。前面一对翅膀发展成了一对又坚硬又结实的鞘翅，也就是翅鞘，相当于在甲虫的身体外面披上了一层盔甲。

有飞行功能的翅膀有很多褶皱，可以折叠，一般是紧贴着身体在鞘翅下面折叠起来。绝大部分的甲虫都能飞行，而且有些甲虫还飞得相当好，但是因为我们见到它们的时候，它们往往是在爬行或者挖洞，所以我们常常忘了这一点。当一只甲虫准备起飞的时候，就把它的鞘翅抬起来，从它身体两侧转开。接下来那对真正的飞行翼从下面被打开了，它完全打开后可能会有大得惊人的表面积。有些甲虫体积很大，因此需要很大的飞行面积才能够飞离地面。如果人的眼睛够快的话，我们就能够很清楚地看到瓢虫（一种甲虫）的起飞过程。

在飞行的时候，鞘翅会僵硬地翻在外面，和身体形成某个

飞行的动力

下图中的甲虫后面那对翅膀都发育得很完好，即使是鞘翅很短的隐翅虫也不例外。

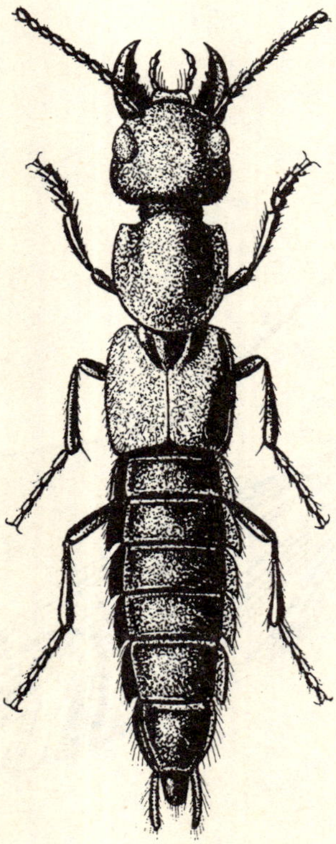

隐翅虫

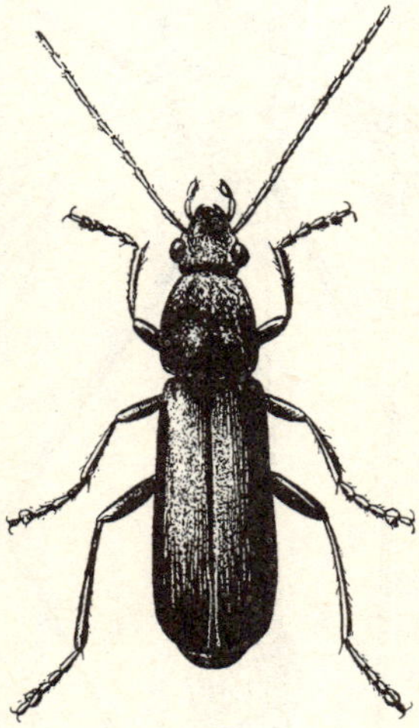

兵虫

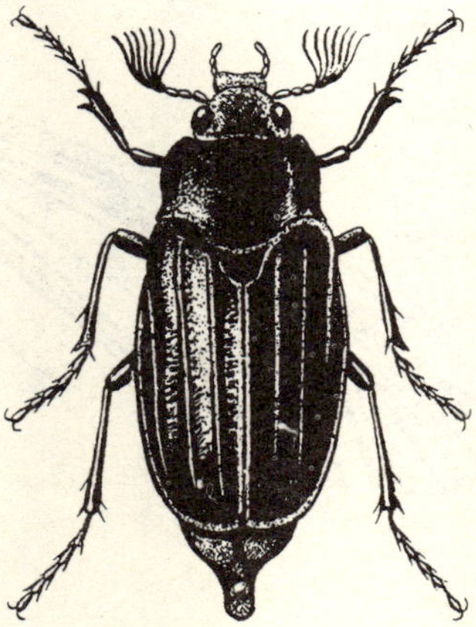

金龟子

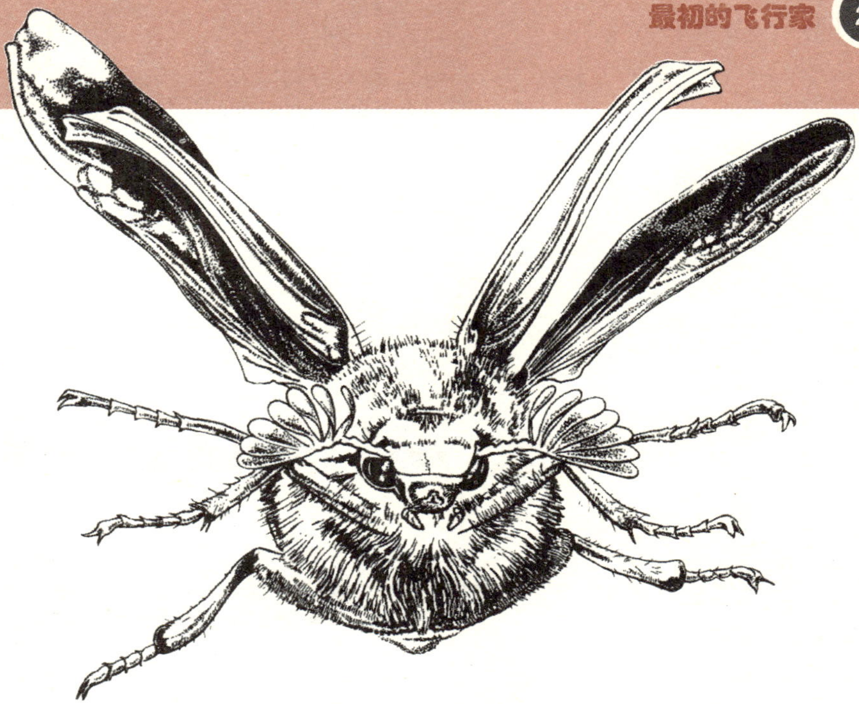

飞行中的金龟子

这种甲虫飞得又慢又笨，经常会被房间里发出来的光亮所吸引。

角度。当甲虫飞行的时候，鞘翅也许可以给它提供一些向上的推力，但是所有扇动的任务都是由那对真正的翅膀来完成的。像金龟子等一小部分甲虫，它们飞行的时候可以把鞘翅关上，只展开翅膀，可是这种方式并不很常见。绝大部分甲虫，当它们不飞行的时候，鞘翅是向下折叠的，覆盖住整个身体。像金龟子等一小部分甲虫，鞘翅虽然并不能覆盖它的整个腹部，但却可以一直保护着翅膀。对那些不会飞的甲虫来说，在它们后面那对翅膀消失了的地方，一对鞘翅结合起来，变成了一个坚硬的盾牌。一般来说，发育完好的翅膀是藏在一对坚硬的鞘翅下面的。

世界真奇妙

萤火虫是一种与众不同的甲虫。雄性的萤火虫和一般甲虫一样，既有翅膀又有鞘翅，它们晚上飞出来寻找异性。而雌性萤火虫则完全生活在陆地上，它们既没有翅膀也没有鞘翅。它们的外表很像幼虫，在腹部的末尾，有一个器官可以发出亮光。这样飞行中的雄性萤火虫就能够在草丛中找到它了。

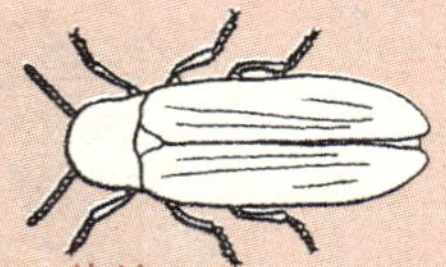

雄性

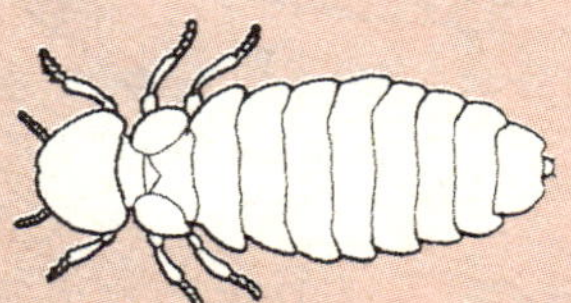

雌性

翼龙是能够飞行的爬行动物，它和恐龙生活在同一个时代，6 500万年以前它们都灭绝了。

埃俄苏凯恩蜥

这种爬行动物身体小巧，行动敏捷，它很有可能就是翼龙的祖先。

三 脊椎动物征服天空

喙嘴龙

下图中这种特殊类型的翼龙在1.5亿年以前很普遍，从它的牙齿我们就可以知道它的食物是鱼类。

翼龙的进化

我们知道的最早的翼龙生活在22亿年前，它们已经飞得很好了。在爬行动物向会飞的动物进化的过程中，还有哪些动物呢？至今为止，人们还没有发现能够表明这一阶段进化情况的动物化石。因此我们不能肯定地说早期的爬行动物就是翼龙的祖先。恐龙、鳄鱼和蜥蜴很可能来自谱系树上的同一个分支。生活在25亿年以前的那种后来进化到翼龙的动物，很可能是按照它们独特的方式进化的。

翼龙的祖先可能是某种生活在树上的爬行动物或者滑行动物，为了适应在空中滑行，它们前肢的指头和前臂上的肌肉逐渐变得很特殊，直到它们能够扇动着翅膀飞行。它们的翅膀是由皮肤构成的，可能主要由手臂支撑，尤其是很有可能由一根

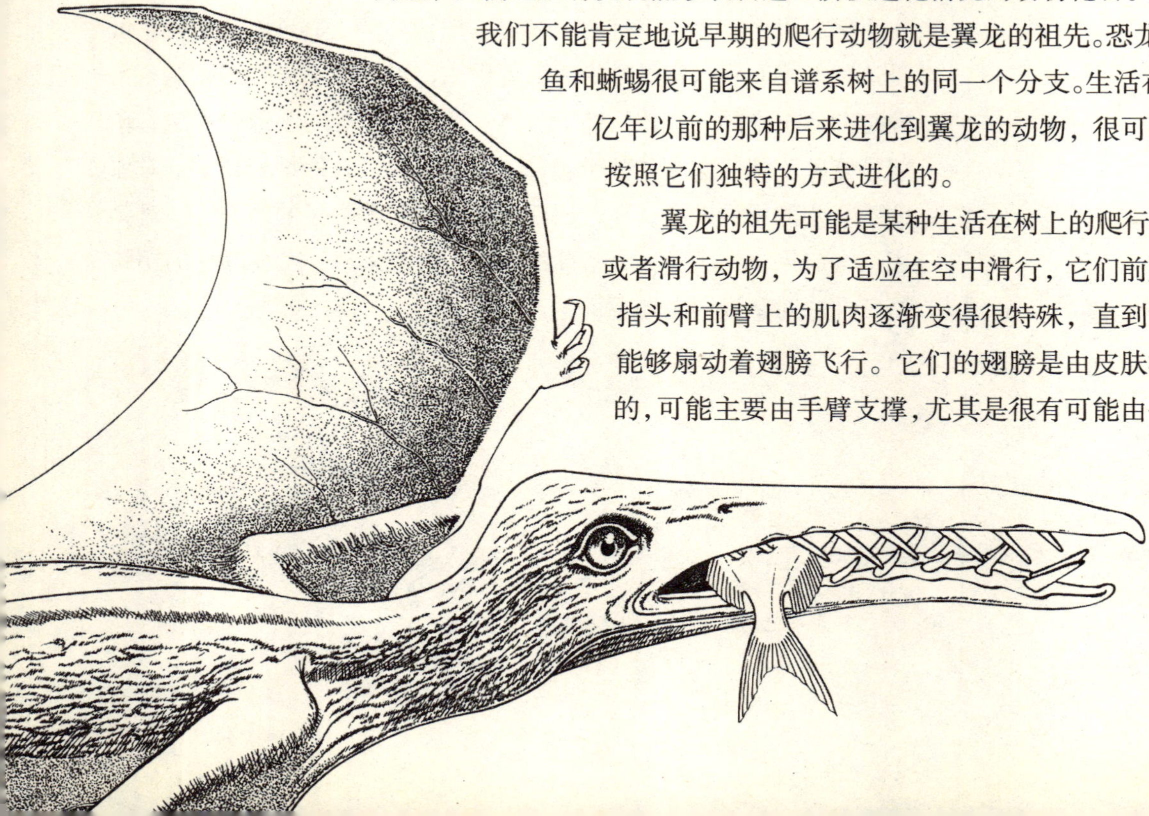

特别长的指头来支撑。我们知道的翼龙大约有70种。由于飞行的动物和其他动物比较起来相对脆弱，所以它们大部分都没有作为化石保存下来，因此在翼龙1.6亿年的历史上，很可能还有许多其他的翼龙种类。我们知道的翼龙中间，它们的体型差异特别大，小的可能只有金丝雀那么大，大的有可能是历史上最大的会飞的动物。

早期的翼龙有很长的尾巴。和它比起来，出现在1.55亿年以前的翼手龙简直就像是没尾巴一样。在距今1.45亿年前的侏罗纪晚期，长尾翼龙灭绝了，翼手龙开始统治天空，一直到6 500万年前它们突然灭亡为止。生活在最晚期的翼龙是所有已知翼龙中最大的一种。

由于现在没有和翼龙有亲缘关系的动物存活下来，我们很难清楚地知道翼龙是怎么飞的，它们飞得怎么样?它们是冷血动物还是热血动物？它们吃的是什么？它们能在陆地上行走、奔跑吗？它们在陆地上是不是就变得很没用了？科学家们已经为这些问题争了200年了，有些问题的答案我们已经知道了，但是还有许多问题科学家们有着不同的意见。

知识窗

人们发现的第一块翼龙化石是翼手龙的化石。曼海姆博物馆的克西莫·克里尼给它画了一幅漂亮的素描。克里尼除了意识到它不是鸟类以外，还发现很难猜测它属于脊椎动物的哪个属。一直到30多年以前，它是一种爬行动物的说法才被人们接受。

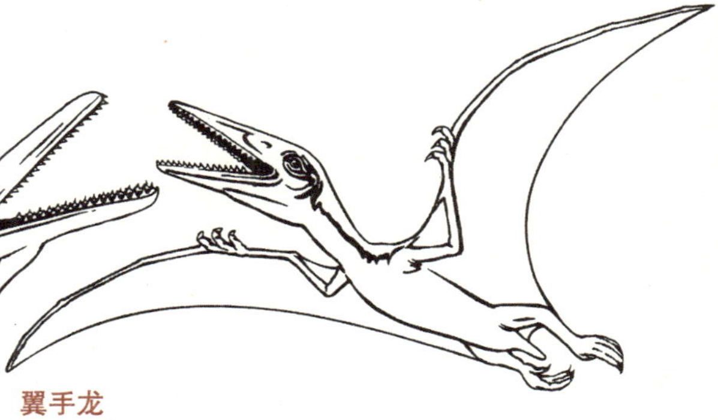

翼手龙

一种早期的短尾巴的翼龙，这种动物在1.5亿年前非常繁盛。

喙嘴龙

翼龙翅膀上那层坚韧的皮肤是由前端的骨头支撑着的。

翼龙的第四根指头单独占去了它翅膀一半以上的长度。除了这根伸得特别长的指头以外，翼龙还长了三个指头，但它们比第四根指头短得多，这三个指头上有爪子，这样翼龙就能够紧紧抓住别的东西。

翼龙的翅膀

在有些翼龙的化石里，我们可以看到它的飞行翼。它从第四个指头的末端开始，横穿过身体的一侧，然后沿着后腿向下，一直延伸到膝盖下面。翼龙的翅膀是由坚韧的皮肤和加固的纤维构成的，只有前面的边缘有骨头。

翼龙的第四个指头有四块骨头（也就是指骨），每一块都延伸得很长。它们紧紧地结合在一起，所以翼龙的指头不会弯曲弯折。指头的根部和手掌的骨头（相当于人手手腕的骨头）之间有一个旋转的关节，这就使得翼龙的指头可以作为一个整体自由折叠回到它的身上，当它不飞行的时候，指头的顶端指向上方。在翅膀的前端，有一小块翅状的骨头从翅膀中伸出来，这块骨头可以在它和腕关节的接点处自由移动。翼龙的手臂前面长着一小块飞行翼，它把翼龙的腕关节和身体连接起来。刚才提到的那块小骨头可以让这块飞行翼变硬，在需要的时候还可以改变它的角度。翼龙翅膀中的肌肉长在手臂的上半部分，一直延伸到翼龙胸部的骨头。鸟类胸部的骨头足够大，可以适合这些肌肉，但是翼龙缺少像鸟类胸骨中间下方的龙骨突那样的骨头。作为替代，翼龙长着一块可以上下移动的冠状的骨头。翼龙上臂的骨头（也就是肱上骨）也有一块很宽阔的皮肤来连接强有力的飞行肌肉。为了增加力量，翼龙的肩部的骨头是合在一起的。在某些种类的翼龙身上，一部分后背上的骨头也是合在一起的。

翼龙的后腿很小，也不是特别的强壮，这和它巨大的翅膀形成了强烈的对照。尤其是后期的一些翼龙，它们的腿甚至差点儿支撑不了自己身体的重量。

知识窗

翼龙的骨头很轻但是很结实。许多大骨头中间是空的，里面有空气。对于最大的翼龙来说，它最长的骨头内壁很薄，里面很大一部分都是空气。但是，骨头内部有很多细细的支柱纵横交错，这样当骨头受到压力的时候，它正好可以提供支持。

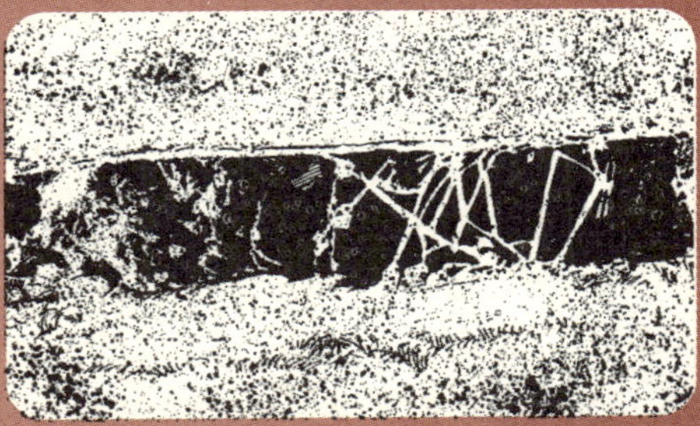

截面

这是一个沿着翼龙骨头的纵向剖开的截面，我们可以看到支柱和中空的地方。

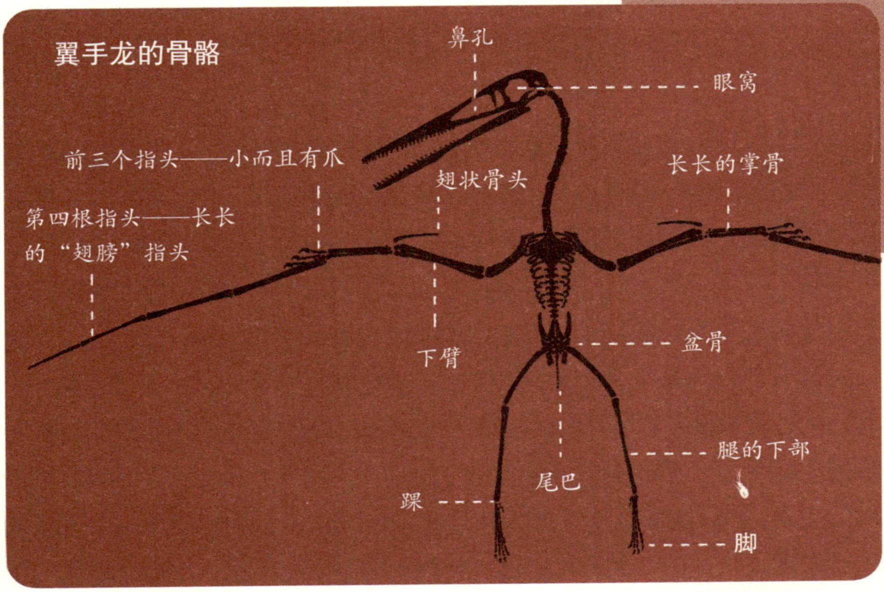

翼手龙的骨骼

和它的头和翅膀比起来，这种动物的身体可真算是小的了。

化石记录中的所有早期翼龙都有很长的尾巴。

矛颌翼龙

这种翼龙生活在2亿年以前，它的尾巴非常长，尾巴的末端有一个像螺旋桨的叶片式的东西。

长尾翼龙

当早期的长尾翼龙飞行的时候，尾巴可以起到保持身体稳定的作用。翼龙的尾巴末端有一片竖起来的像螺旋桨的叶片一样的东西，它能让长尾翼龙飞得更稳定。尾巴上最开始的那几块椎骨可以正常地运动，但是剩下的（一直到第40块）因为有很长的骨头突出来，所以不能弯曲。这样它的尾巴就是硬邦邦的。这种动物的头部和身体在一条直线上。

所有的长尾翼龙牙齿上都有颚。一般说来，这种类型的牙齿都很锋利，捕起鱼来很方便。人们已知最早的翼龙，真双齿翼龙，它的颚上有两种类型的牙齿：前面和中间是长长的犬牙，后面的牙齿比较小，有很多突出的尖角。它们好像是以鱼类为食物的，因为我们已经在它们的某些胃部化石发现了残留的鱼类痕迹。牙齿的磨损痕迹可能是它们当时捕捉那些鱼

无颚龙

到现在为止，人们只发现了一块这种头部很短的翼龙的化石，这块化石只有18厘米长。

知识窗

无颚龙是翼龙属中比较奇怪的种类，它是一种"长尾巴"的翼龙，但是它的尾巴却简化得很小，就像一段树桩一样。无颚龙的体型比较小，飞起来很敏捷，和身体相比，它那50厘米的翅膀就显得很长了。它的头又短又宽又深，眼窝很大，牙齿像钉子一样坚固。它可能以昆虫为食，而且是用翅膀来捕捉昆虫的。

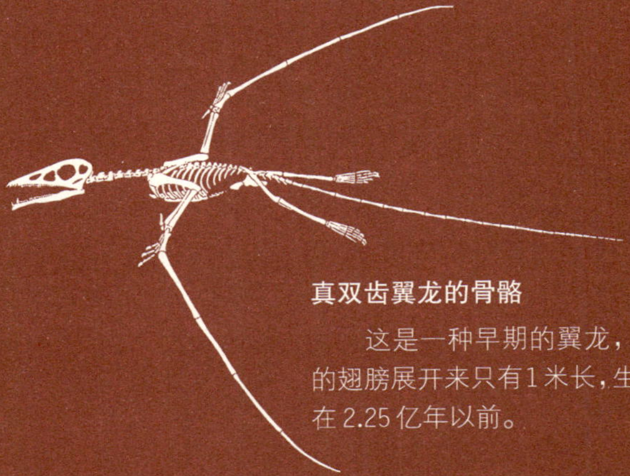

真双齿翼龙的骨骼

这是一种早期的翼龙，它的翅膀展开来只有1米长，生活在2.25亿年以前。

鳞很硬的鱼类时留下的。真双齿翼龙的翅膀展开以后大约有1米长。有些长尾翼龙的比较大，有些比较小。有些种类的喙嘴龙翅膀展开后甚至能够达到1.75米，而其他一些种类的则只有40厘米长。与真双齿翼龙一样，我们在喙嘴龙的标本的内部也发现了残余的鱼类痕迹。

翼龙属的大多数种类都是自主飞行者，它们首先扇动翅膀进入空中，然后向前飞行。但是，翼龙属后期的某些种类，比如喙嘴龙，它们的翅膀又细又长，可能也很擅长在空中翱翔。人们估计它们的重量大约只有海鸥的一半，可是它们的翅膀打开来却和海鸥差不多。

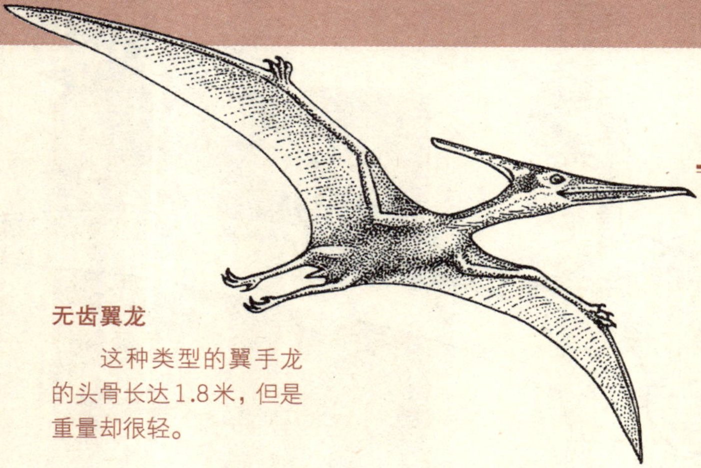

无齿翼龙

这种类型的翼手龙的头骨长达1.8米，但是重量却很轻。

翼 手 龙

和鸟类的头部一样，翼手龙的头和脊椎之间有一个角度，它们的颚变得很长。不同种类的翼手龙，它们的牙齿也有很大区别，有些有专门的牙齿，有的则完全没有牙齿。典型翼手龙的牙齿长得非常适合吃鱼。

翼手龙可能是由长尾翼龙进化而来的。它们不需要像长尾巴翼龙那样用长长的尾巴来保持身体平衡，说明它们的神经系统已经发展到很高的程度，可以控制着它们的飞行。

有些翼手龙体形比较小，有一种早期的翼手龙长得很精巧，它的翅膀伸展开来只有25厘米长。它可能是以昆虫为食，也吃一些小的鱼类。早期的小型翼手龙可以拍动翅膀，机动灵活地飞行。而后期的翼龙，体形一般都比较大，比如无齿翼龙，它的翅膀展开有9米长。它们的翅膀和身体的比例与长尾翼龙不同，它们腕关节的骨头延伸得更长，同时，第四根指头的长度和翅膀总长度的比例也变小了。它们的飞行模式是一样的，但是对体形大的种类来说，如果可以的话，它们总是采用翱翔的方式来飞行，

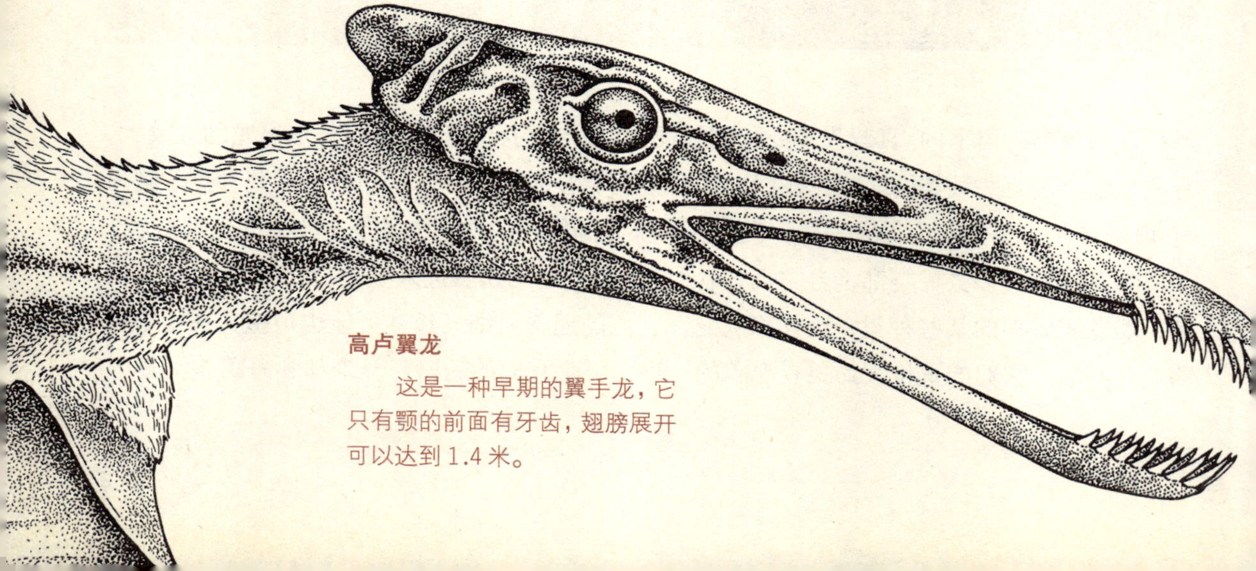

高卢翼龙

这是一种早期的翼手龙，它只有颚的前面有牙齿，翅膀展开可以达到1.4米。

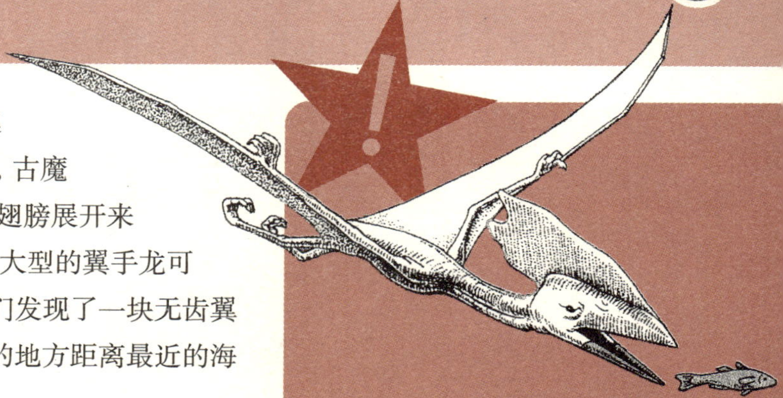

不愿意拍着翅膀飞。和翅膀比起来，它们的身体显得比较小。例如，古魔翼龙的身体有24厘米长，但是它的翅膀展开来比它的身体要长17倍。因此，某些大型的翼手龙可以飞得很远，这是毫无疑问的。人们发现了一块无齿翼龙化石，它应该是死在海里的，死的地方距离最近的海岸也有至少160千米。

许多种大型的翼手龙头上都有冠。冠的位置不确定，有时候在它们的嘴上，有时候在头的后面。它们的冠有很多功能，比如可能是这个种群的标志，在求偶的时候它还可以发出性的信号。但是，对于翼手龙这样一个体形大、体重轻的飞行机器来说，在飞行的时候，它们表面积很大的冠在飞行中会产生巨大的影响。它们可能是作为翼手龙的方向舵，掌管飞行的方向。

冠的另一作用是有效地保持身体平衡。当翼手龙用翅膀捕鱼的时候，它的下巴会浸到水里，这时冠就可以保持身体的平衡。

知识窗

根据2002年的描述记载，1.1亿年以前有一种名叫掠海翼龙的恐龙，生活在今天巴西所在的地方。它的翅膀展开来有4.5米长，而头骨则有1.4米长，头骨上有一个又长又窄的骨质的冠，和头骨比起来，它的冠几乎是所有脊椎动物里最大的。冠的里面充满了血管，可能在温度的调节方面起着重要的作用。当捕捉猎物的时候，它的下颚快速掠过水平面，这时候，它的冠就可以保持它身体的平衡，就像现在的鸟类一样。

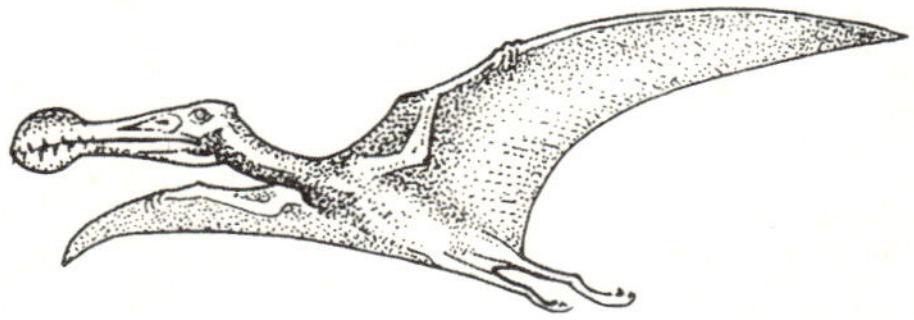

脊颌翼龙（右图）

这是一种体形比较大的翼手龙，它的翅膀展开有6米长，颚的上下两端各有一个冠。

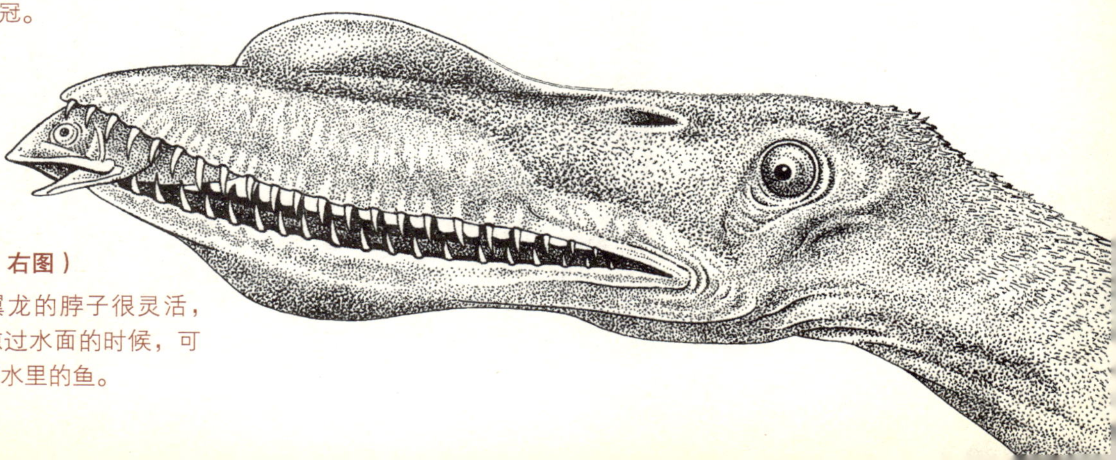

古魔翼龙（右图）

这种翼龙的脖子很灵活，所以当它掠过水面的时候，可以低头去捉水里的鱼。

很多科学家都认为翼龙是很出色的飞行家，不过他们不太确定翼龙在陆地上是怎样行走的。

蝙蝠龙

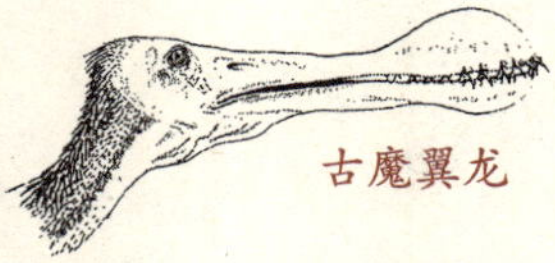
古魔翼龙

真双齿翼龙

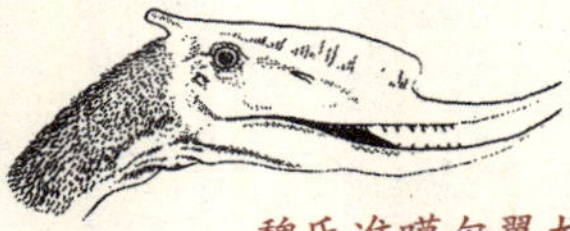
魏氏准噶尔翼龙

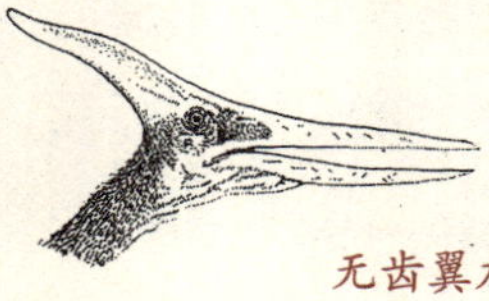
无齿翼龙

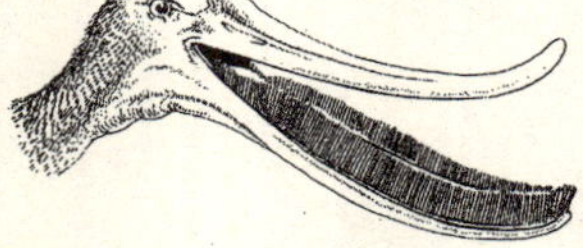
南翼龙

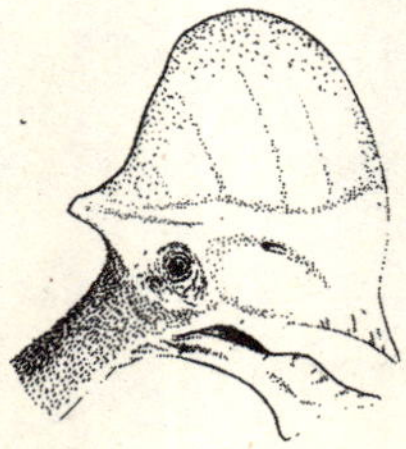
佛塔翼龙

适合进食（左图）

翼龙下颚的情况多种多样，说明它们的食物和进食的方式各不相同。

翼龙的生活方式

有些科学家认为翼龙走路时四条腿都得用上，可是有些科学家认为它们奔跑的时候可以只用后腿。翼龙上半部分的腿骨（大腿骨）和臀部之间有一个很大的角度，所以翼龙可能是很难竖直站立的。翼龙翅膀前面的三个指头有锋利的爪子，这表明它们很善于爬树。而树木和悬崖绝壁可能为它们的飞行提供了很好的起飞平台。

翼龙的飞行是主动飞行，那么它们是恒温动物吗？到目前为止，人们已经在一两种翼龙标本的身体表面上发现了覆盖了像毛一样的纤维，这种纤维可以保持一定的温度。这表明，至少有几种翼龙是恒温的。如果翼龙的身体能够稳定地保持一个比较高的温度，那么它们随时都能够飞行，而不必像许多爬行动物那样，必须先要热身，提高了身体的温度以后才能够起飞。

翼龙的大脑是什么样的

四条腿还是两条腿？

不管是哪一种，翼龙在陆地上行走的复原图看上去都很笨拙。

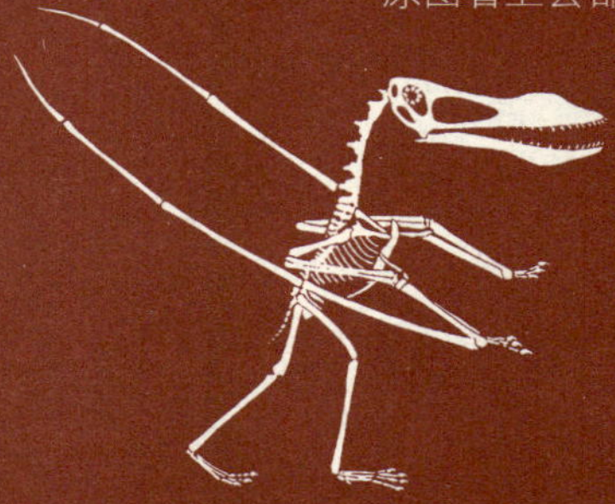
双足恐龙

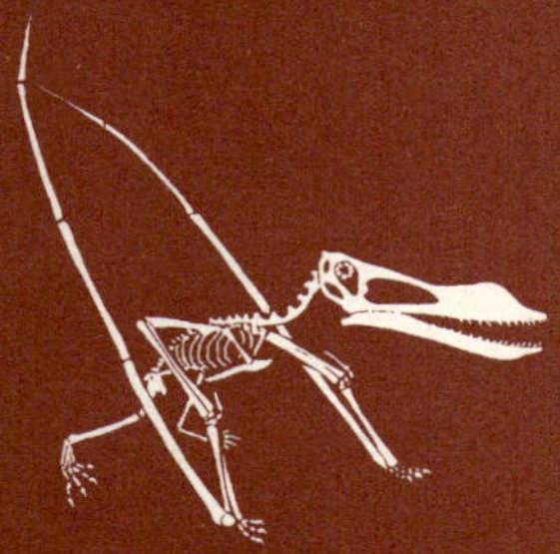
四足恐龙

知识窗

化石上的皮肤压痕显示有些翼手龙可能有喉袋。当它们张嘴的时候，下颚的两个部分也会打开，这就形成了一张“渔网”和一个口袋，就像现代的鹈鹕一样。

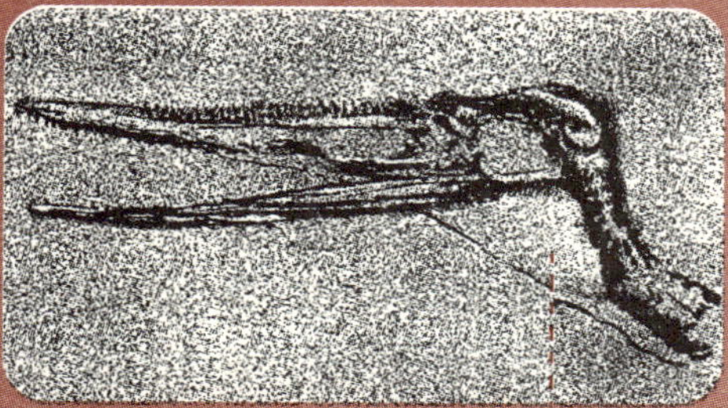

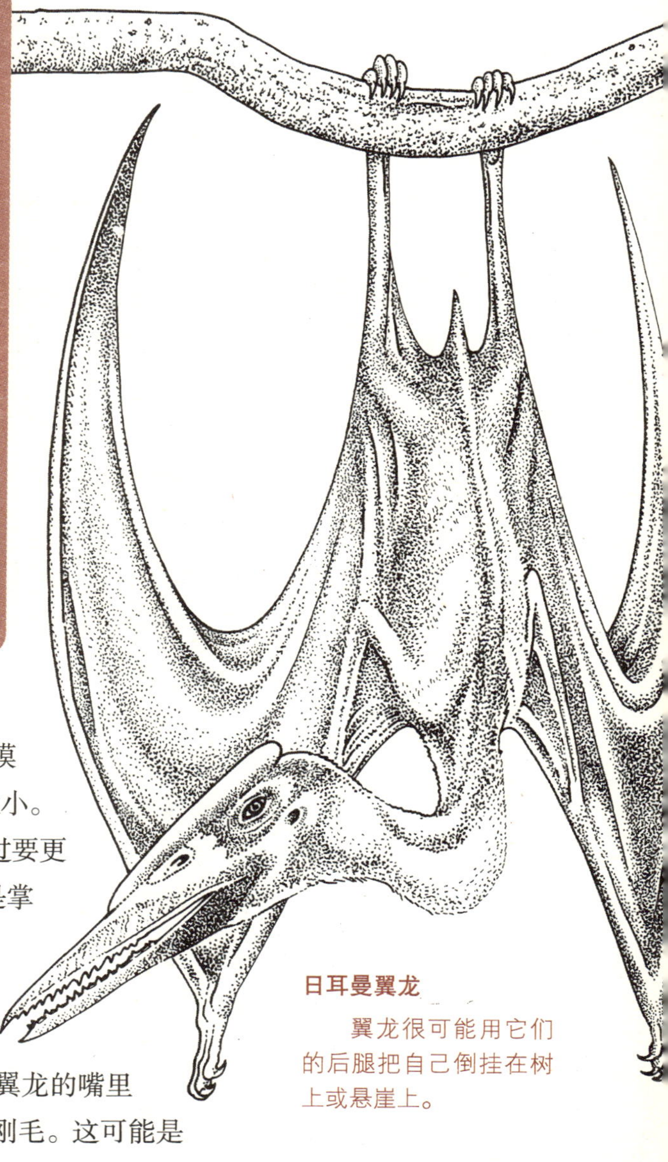

日耳曼翼龙

翼龙很可能用它们的后腿把自己倒挂在树上或悬崖上。

呢？我们可以用翼龙化石的颅腔来浇铸一个模型，这样我们就可以知道翼龙大脑的形状和大小。它的大脑和鸟类的大脑有很多相似之处，不过要更小一点。大脑中掌管嗅觉的部分比较小，但是掌管视觉和运动协调的部分却非常发达，所以人们认为它肯定很善于在飞行中捕捉猎物。

翼龙们最常吃的食物很可能都是鱼，可是它们的头和颚却有各种各样的形状。有些翼龙的嘴里有很多小小的牙齿，有些翼龙的嘴里长满了刚毛。这可能是一种过滤装置，可以不让水中那些小猎物跑掉。不过它们到底是怎样吃东西的呢？它们会用四条腿在水中跋涉吗？翼龙的复原图看起来很笨拙，可是也许它们实际上很敏捷，可以在飞行的过程中就把最上面的水过滤掉。有些翼龙吃的是昆虫，有些甚至还吃贝壳或是蚯蚓。

世界上最大的会飞的动物是披羽蛇翼龙，它的化石最早是在美国的得克萨斯州被发现的，因为那里靠近墨西哥边界，所以人们就根据墨西哥人崇拜的羽蛇神给它命名，羽蛇神就是一条披着羽毛的蛇的形状。它的翅膀打开来至少有12米长，甚至可能达到15米。它简直就像一架小型飞机那么大。

历史上最大的飞行家

披羽蛇翼龙是翼手龙属的一种，它的脖子非常长，而且很僵硬，不能自由活动，脖子里面有很长一段颈椎，由一块一块的椎骨组成。它的嘴很长，而且没有牙齿，头部上方还有一块长长的骨质的冠。它的头和脖子一共有2.5米长，在1971年科学家发现披羽蛇翼龙以前，翼手龙是人们已知的最大的翼龙。很多科学家都曾经计算过翼手龙怎么飞行，并且估算它的重量大约只有15千克。

披羽蛇翼龙肯定很重，可能有大约80千克。即使是这样，比起那大大的翅膀来，它的体重还是相对偏轻。它能够保持翅膀张开不动，然后以比较低的速度滑翔很远的距离。当它把翅膀张开的时候，仅仅需要一丁点儿风，就可以飞上天空。它很难通过跳跃起飞，而且因为身体太大，它也不会爬树。

与绝大多数的翼龙都不一样的是，披羽蛇翼龙的化石不是在深海中找到的，而是在被洪水淹没的冲积平原上找到的。科学家们据此推测，披羽蛇翼龙可能是以死去的动物作为食物的。可是我们可以想象一下，披羽蛇翼龙用后腿和翅膀站在地上，那姿势肯定很笨拙，再加上它的脖子又长又僵硬，嘴里也没有牙齿，让它去撕裂大块大块的、硬得咬不动的肉，好像非常困难。科学家们还有另外一种猜测，那就是，披羽蛇翼龙以它从洞穴中挖出来的贝壳类动物为食物，这种猜测恐怕也是站不住脚的。最有可能的是，披羽蛇翼龙缓慢地在水面上飞行，用恐龙最典型的方式，把它长长的嘴伸到水面下捕食鱼类。

飞行中的披羽蛇翼龙（上图）

披羽蛇翼龙肯定有着最广阔的视野，因为它的翅膀张开来至少有所有现存鸟类翅膀的三倍那么大。

披羽蛇翼龙（下图）

这种体形巨大的翼龙肯定有时候会降落到陆地上，但是接下来它怎么运动，怎么吃东西，怎么样能够再次起飞，到现在仍然是一个谜。

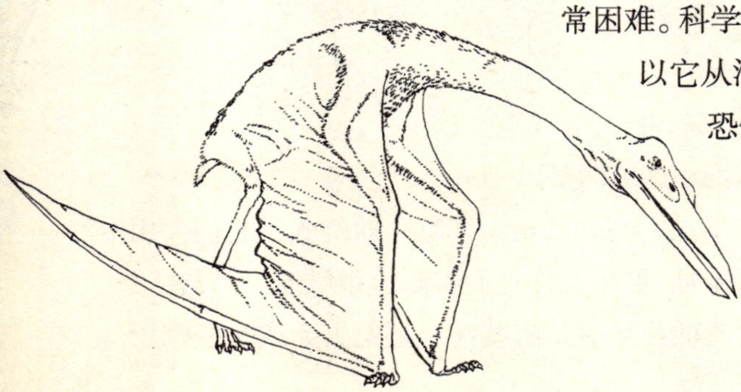

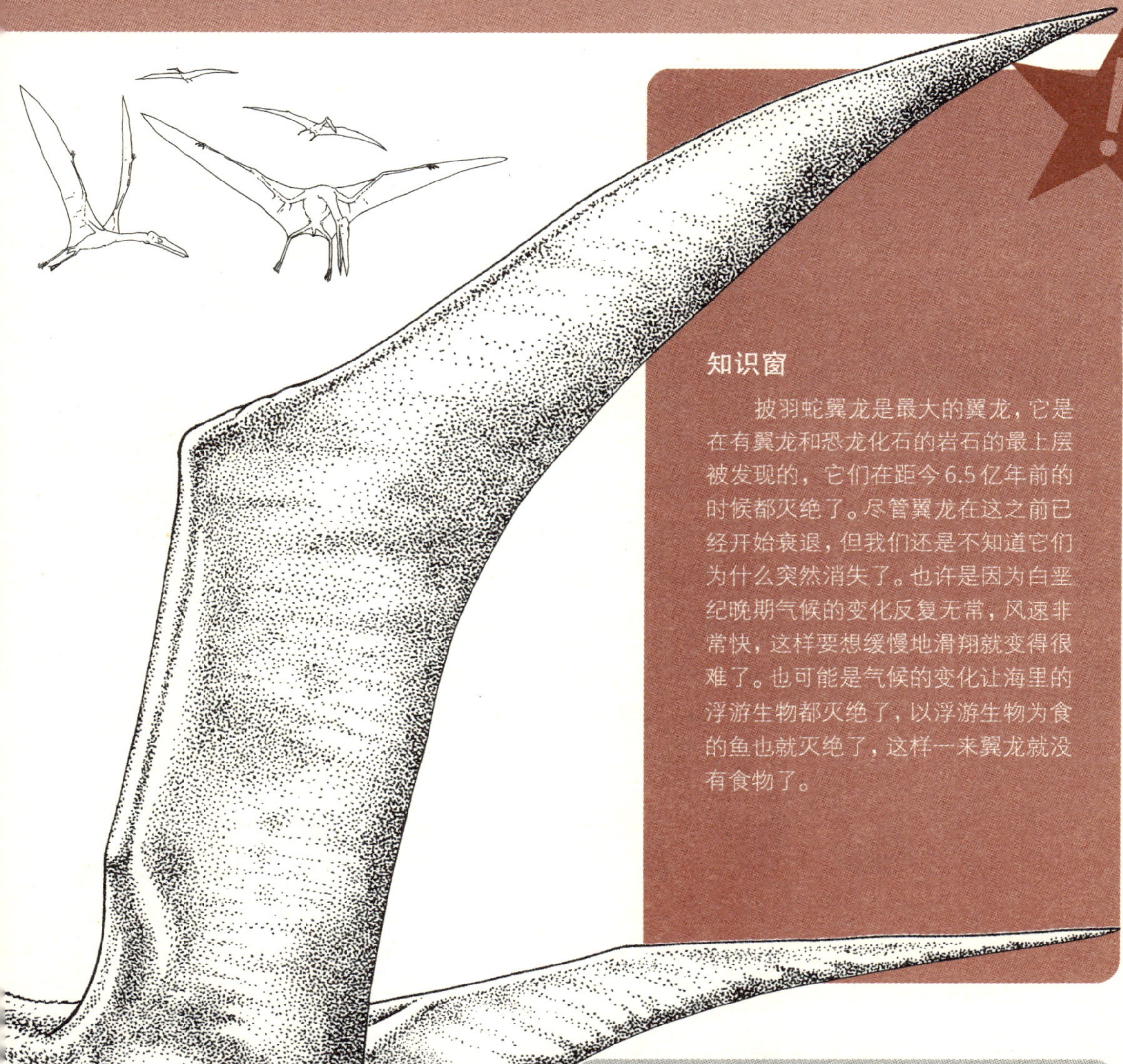

知识窗

披羽蛇翼龙是最大的翼龙，它是在有翼龙和恐龙化石的岩石的最上层被发现的，它们在距今6.5亿年前的时候都灭绝了。尽管翼龙在这之前已经开始衰退，但我们还是不知道它们为什么突然消失了。也许是因为白垩纪晚期气候的变化反复无常，风速非常快，这样要想缓慢地滑翔就变得很难了。也可能是气候的变化让海里的浮游生物都灭绝了，以浮游生物为食的鱼也就灭绝了，这样一来翼龙就没有食物了。

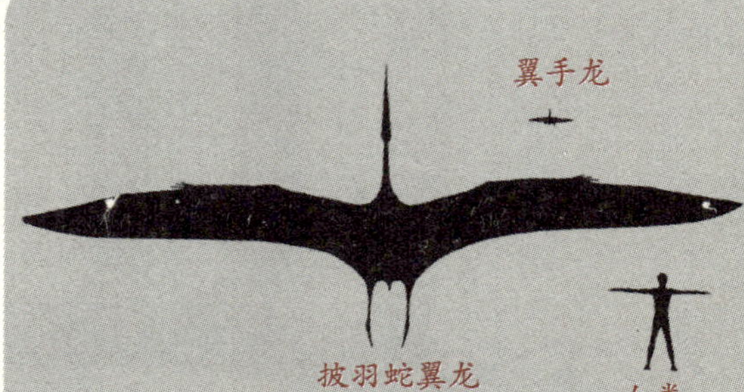

现存的鸟类有将近1000种，鸟类身上都有羽毛，它们都是恒温动物。

四 鸟类接管天空

鸟类的进化

大多数鸟都会飞，它们的前肢已经进化成了翅膀，长着特殊的羽毛，后肢则用来行走、爬行、栖息或者游泳。它们骨骼的一部分已经连在了一起，这样可以提供更多的力量。鸟类没有很重的牙齿，它们的嘴很轻，是一个角的形状，具体是什么形状由各种不同的食物来决定。我们很容易辨认出鸟类，尤其是现代的鸟类。

近年来很多科学家猜测鸟类是由恐龙进化来的，尤其是小型的肉食性恐龙可能性最大。它们有的长着简单的羽毛，

小麝雉（上图）

很多早期鸟类的翅膀上都有爪子。现代的麝雉小时候翅膀上也有爪子，它们用它来爬树。

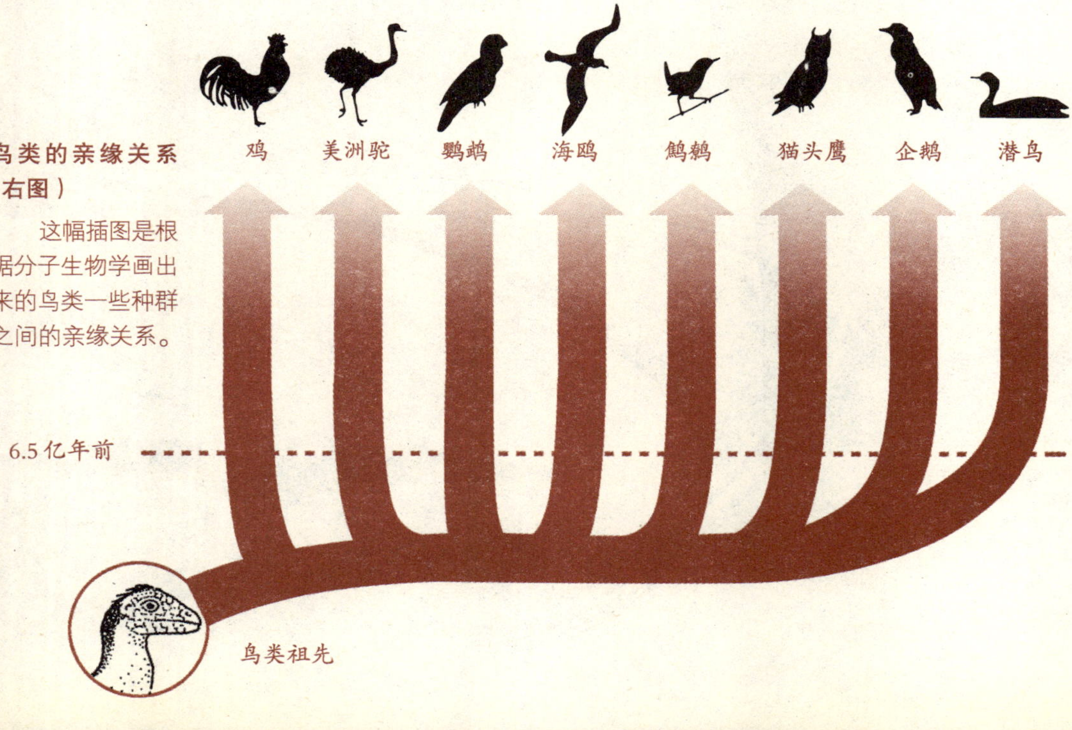

鸟类的亲缘关系（右图）

这幅插图是根据分子生物学画出来的鸟类一些种群之间的亲缘关系。

这种羽毛可以作为隔热层，由于有了这种发达的羽毛，现代那些典型的鸟类就有可能飞行了。不过鸟类到底是怎么开始飞的还有很大的争论，它们最开始是因为奔跑才起飞的，还是因为爬树或是从树上落下来才起飞的呢？

知识窗

一些现代分子研究表明，很多现代的鸟类族群起源的年代，比化石显示的要早得多。这也意味着，鸟类间的关系很可能和我们的传统看法不一样。

有很长一段时间，人们唯一知道的一块最早的鸟类化石就是始祖鸟的化石，在它和下一块早期鸟类化石之间，有好几百万年的空白。近年来，人们发现了很多新的鸟类和恐龙的化石，可以填补这个进化过程中的一些空白。化石显示，尽管很多鸟或像鸟一样的动物生活在6.5亿年以前，但是所有的鸟类从本质上来说都是现代的鸟。有些现代的种群从那个时代起就有了，有些甚至更早，不过鸟类的进化从来没有停止过，它们一直在进化出新的种类。

现代的鸟有很多相似之处，所以很难给它们画出一个谱系树来反映它们的亲缘关系。这些相似点是因为它们来自相同的祖先，还是因为它们有着共同的生活方式呢？比如说，并不是所有嘴巴上长钩子的肉食性的鸟都有亲缘关系。根据对定义特征的选择，火烈鸟和鹤或者鹅被归成了一类。现代的分子研究可以帮助我们进行分类，可是有时候它们得出来的结果会和解剖学上的分类相矛盾。

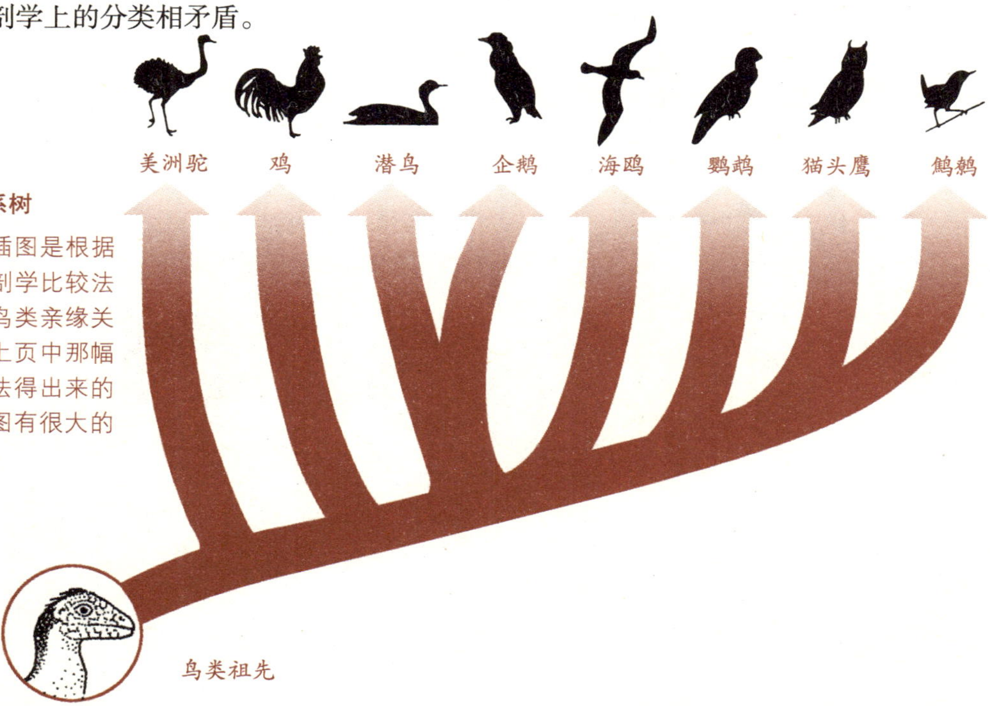

鸟类的谱系树

这幅插图是根据传统的解剖学比较法画出来的鸟类亲缘关系。它和上页中那幅用现代方法得出来的亲缘关系图有很大的差别。

始祖鸟最初是19世纪中期在德国以盛产化石而闻名的索伦霍芬被发现的。有很多动物死在几乎没有氧气的泻湖（浅水湖，一般指在海中由河口的沙洲或珊瑚礁围成的湖）里或者泻湖旁边，当它们被埋进泥浆里的时候，尸体不会很快腐烂，这样的尸体所形成的化石保留了很多死去的动物的细节：昆虫和翼龙的皮肤的痕迹，始祖鸟，鸟类的羽毛。

始 祖 鸟

始祖鸟是我们所知道的世界上最早出现的鸟类，它们生活在1.5亿年以前。不论从哪个方面来看，始祖鸟都是从爬行动物进化到鸟类过程中一个完美的环节。始祖鸟有翅膀，有像鸟类一样的中间有箭翎的羽毛，而且还有两边对称的飞行所用的羽毛。毫无疑问，它们能够飞行，但是它们是怎么飞的？这个问题让科学家们猜测了大约150年的时间。始祖鸟的翅膀已经发育完好，但是现代的飞行鸟类胸骨里面有龙骨突，而始祖鸟的胸骨里面却没有和鸟类的龙骨突功能一样的骨头。在始祖鸟的翅膀前面，也有相互分离的指头，翅膀前端也有巨大

始祖鸟

复原图表明始祖鸟是爬树的动物（左图）。它的骨骼（左下）和小型的恐龙很相似，头骨（右下）上有很多牙齿。

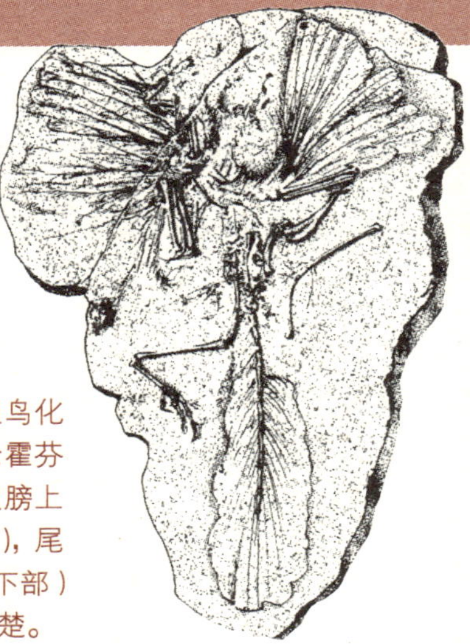

化石

这块始祖鸟化石来自于索伦霍芬的石灰石，翅膀上的羽毛（上部），尾巴上的羽毛（下部）都能看得很清楚。

的爪子。在现代鸟类身上，脊椎骨组成的尾巴已经完全消失了，它们的尾巴是由羽毛构成的，但是始祖鸟的羽毛下面还是有一条长长的由脊椎骨组成的尾巴。而且始祖鸟的颚上也长着牙齿。

总而言之，始祖鸟的体型和乌鸦差不多，它的骨架和当时的小型恐龙几乎没有差别，但是因为它的身上有羽毛，而且会飞，所以人们认为它是最早的鸟类。始祖鸟的生活方式引起了人们很大的争论。画图时，人们认为翅膀前面的爪子是用来帮助它爬树的，因此经常把它画在树上。一种名字叫麝雉的现代鸟类，小的时候翅膀前面也有爪子。根据这种假设，始祖鸟可能是从树上滑行起飞的。

另一方面，为了爬行，始祖鸟的脚几乎没有任何变化，很像生活在陆地上的恐龙的脚。有些人认为翅膀最初是用来捕捉猎物的（这是爪子的用途），后来才慢慢演化成跳到空中飞行。

知识窗

有些科学家认为始祖鸟就是恐龙，只不过碰巧身上长着翅膀而已。但是，始祖鸟翅膀上羽毛的排列方式、数目都和现代鸟类十分相似。这就表明，始祖鸟是进化到鸟类的种群的一部分。

现代鸟类的翅膀

伶盗龙和始祖鸟比较

它们翅膀的比例不一样，但是前肢的骨头非常相似。

前肢比较

近些年来，在西班牙、马达加斯加、南美和中国，人们发现了许多鸟类和像鸟类的恐龙的化石，它们使我们对鸟类进化有了更多的认识，但是也让我们对鸟类进化提出了更多的问题，这些问题表明鸟类的进化不是一个简单的过程。

其他早期的鸟类

中华龙鸟是产自中国的恐龙，它的身体有 1.25 米长，用后面的两只腿走路，重量只有 2.3 千克。化石表明它的身体被一些短短的纤维覆盖，现在人们认为这种纤维就是普通的羽毛。它前面的两条腿很短，当然不能够飞行，但是前腿的羽毛却可以给它保暖。中华龙鸟似乎比始祖鸟更为原始，但是它生活的年代却比始祖鸟晚了 2 500 万年。尾羽龙是相同时期另外一种体形小的恐龙，但是它的后翼上长着羽毛。尾羽龙所有的羽毛都是对称的，所以它也不会飞。中华龙鸟和尾羽龙这两种小型的动物说明有些恐龙身上也是长着羽毛的。虽然大约1.25亿年以前，世界上就有各种各样的鸟类，但是它们并不是每

三塔中国鸟

这种鸟类生活在树上，有些方面看起来很像现代鸟类，但是它嘴里仍然长有牙齿。

遗产

图中的热河鸟保留了一根由尾椎骨组成的尾巴，像热河鸟一样，很多种古代鸟类保留了一些不同的“原始羽毛”。

知识窗

热河鸟属的鸟类骨头上血管很少，而现代鸟类一个典型的特征就是骨头上的血管很多。它们的骨头看起来是突然生长的，很有可能是季节性生长，而现代鸟类的骨头是连续平稳生长的。这可能是它们不能像现代鸟类那样保持身体温度恒定的标志。

个地方都与现代的鸟类一样。科学家们最近刚发现一种新的恐龙，名字叫热河鸟，根据它的骨骼形状，我们可以判断它的飞行能力很强，但是和始祖鸟类似，它却有一根由很多尾椎骨组成的又细又长的尾巴。有趣的是，人们找到一块这种与火鸡体形差不多的热河鸟的化石，它的胃里面还有50粒没有被消化的种子的痕迹，这种情况说明，即使是早期，有些鸟类已经适应以种子为食物了。

伊比利亚鸟是体形和雀类（比如金翅雀）差不多的恐龙，它的脚已经能够适应在树上栖息。它的翅膀比始祖鸟的翅膀发育得更好。热河鸟是我们所知道最早有小翼羽的鸟类，小翼羽是鸟类翅膀前端多出来的一小块羽毛，对现代鸟类来说，它对飞行的机动性很重要。热河鸟的翅膀展开来有18厘米长，和一些小型的雀类差不多，化石里保留的食物残迹表明它们吃贝壳类动物。热河鸟属于鸟类中的热河鸟属，这种属的鸟类的化石在世界很多地方都能找到，它们生活的时间大约为1.3亿年到7 000万年以前。这种属的许多鸟类嘴里长满了牙齿，包括三塔中国鸟，它的体形比较小，栖息在树上，是在中国被发现的。

伊比利亚鸟

这种体形和雀类差不多的鸟是在西班牙发现的。

羽毛是由一种叫做角蛋白的蛋白质组成的，爬行动物的鳞、哺乳动物的毛发和指甲也是由这种物质组成的。

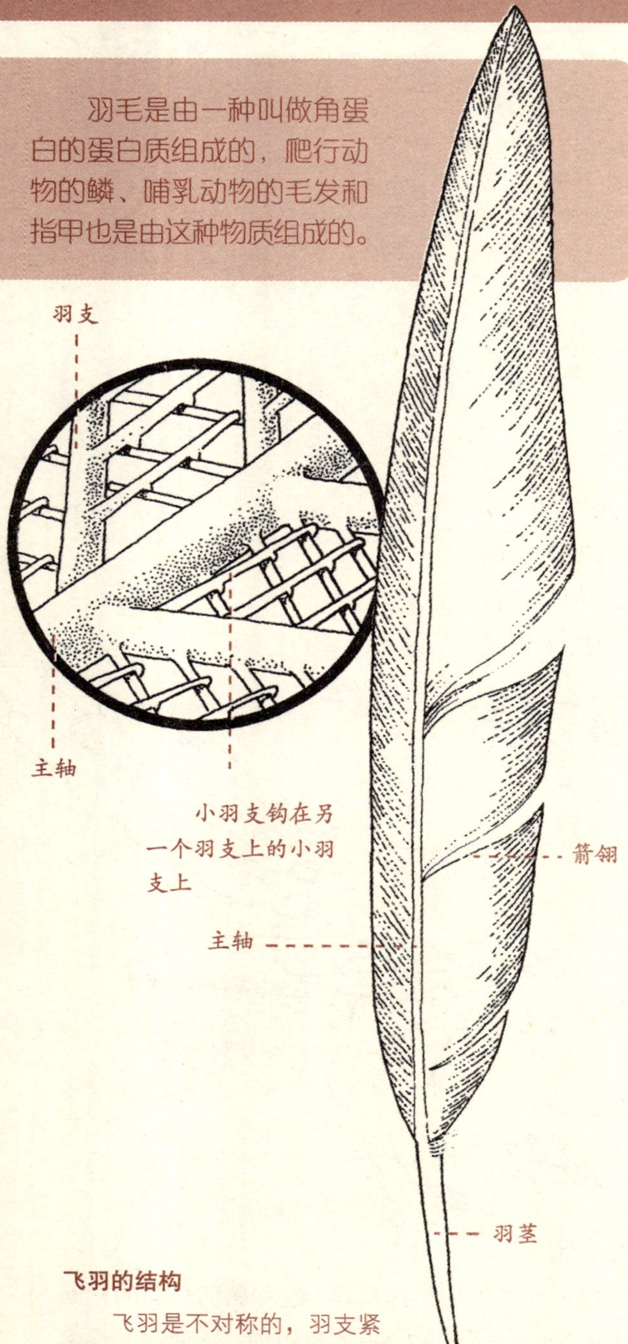

飞羽的结构

飞羽是不对称的，羽支紧紧地连接在一起，构成一个结实光滑的平面，以便飞行。

羽　毛

正羽的中间是一根主轴，主轴的两边有很多羽支，羽支和羽支之间由小小的倒刺互相连接，紧密地结合在一起，所以正羽的表面整体上很平坦。体形比较大的鸟类身上大的正羽上甚至可能有一百多万个羽支。如果羽毛变皱了，鸟类就会用它们的嘴或者脚来梳理、抚平，而羽支和羽支之间又会互相连锁，紧密结合。羽毛的主轴很坚硬，但是中间是空的，很轻。鸟类的正羽是流线型的，这样飞行时的阻力最小。在鸟类的翅膀和尾巴上长的是另外一种羽毛——飞羽，它们的作用是提供飞行时所需要的升力，控制飞行的方向，它们是不对称的。

正羽下面的羽毛是松软的绒毛，绒毛的主轴很短，除了四周外，主轴的末端也有很多羽支，但是羽支之间没有能够互相连锁的小倒刺，廓羽的下面有一层空气，这层空气相当于绝缘层，很多小鸟身上在长出其他羽毛之前就有绒毛。

纤羽的主轴很长，它的顶端很小，但是毛茸茸的很柔和。纤羽长在其他的羽毛之间，它们的底部有感官细胞，可以用来控制它们的羽毛外套。

鸟类的刚毛只有一根单独的主轴，它们经常长在眼睛的周围或者嘴的底边，眼睛上面的刚毛一般就排列成了“眼睫毛”，而嘴底边的则变成它的“触须”，也可以起到保护头部的作用。

鸟类的羽毛有时候是很鲜艳的，但是有时候也会是惊人的伪装，羽毛中最普通的颜色是黑色的色素——黑色素，有时候也会呈现某些色度的棕色。红色和黄色经常来自于鸟类的食物产生的色素，当然也有很多颜色不是由色素产生的，而是利用物理反射，由光线反射羽毛里面的一个薄层而得到的，这种方法可以得到蓝色和很多闪烁的微光。

鸟类羽毛的一个缺点就是容易磨损，磨损以后羽毛就会变得粗糙，效果也会变得很差。为了抵消这个缺点，鸟类会把磨损的羽毛褪掉，并且换上新的羽毛，鸟类一般一年换两次羽毛，而新羽毛的生长则需要消耗很多食物。

世界真奇妙

蜂雀身上所有的羽毛加起来可能也不到 1 000 根。燕子可能有 1 500 根。大一些的鸟，比如说老鹰，它们的羽毛可能超过 7 000 根。现在我们知道羽毛数量最多的要算是天鹅了，它有25 216根羽毛，其中有2万多根是在它的头和脖子上。

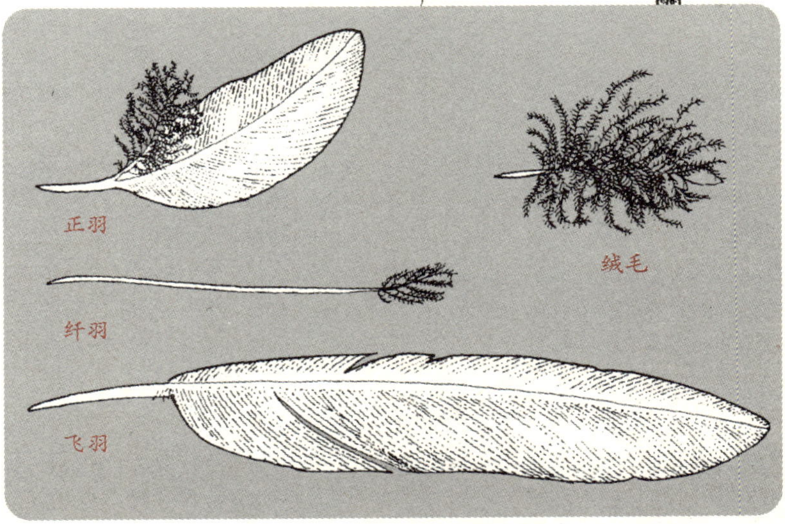

羽毛的类型

羽毛经过改良可以用来保暖，用来飞行，甚至可以用来做触须。

鸟类的翅膀里有一根骨头延伸到它们翅膀的前端。

鸟类的翅膀

鸟类的指头大大简化了，仅仅剩下两个。翅膀前面的那个指头，也就是拇指，可以自由活动，上面连着几根羽毛。拇指一般只有在慢速飞行或机动飞行时才会用到，通常拇指和翅膀的其他部分是在一个平面上的。鸟臂上骨头长度和鸟臂的比例是根据鸟的种类和飞行方式而有所不同，前臂和腕掌骨

知识窗

鸟类骨骼的重量可能不超过它体重的5%，它的羽毛实际上可能比骨骼还要重一些。

能动的羽毛

羽毛的形状和伸展情况可以根据不同的飞行类型而变化。在这种机动飞行的过程中，初级飞羽是扭曲着打开的，尾巴上的羽毛则是展开的。

（相当于人类的手腕和手掌上的某些骨头）会变得很长很长。飞行时使用的羽毛主要是初级飞羽和次级飞羽，初级飞羽长在掌骨上面，次级飞羽长在前臂骨上面。鸟飞行的时候，对推动前进起最重要作用的是初级飞羽，而次级飞羽主要是提供上升力。

鸟类翅膀的工作原理和飞机的机翼一样，都是利用经过翅膀表面的空气产生升力，但是鸟类翅膀的结构比任何一架飞机的机翼都复杂得多。飞行的时候，鸟的翅膀不但给飞行提供推力，还可以掌握飞行的方向，有时候尾巴也能帮助它们调整方向。鸟类可以改变翅膀的形状，还可以调整翅膀和身体的角度，空气可以从羽毛之间流过去。我们很难精确地描述鸟类飞行的时候它们的翅膀到底发生了什么变化。当鸟类扇动翅膀飞行时，羽毛是怎样弯曲和扭转的，我们也很难精确地进行描述。

随着鸟类的进化，它们的体重逐渐减少，已经能够很好地适应飞行的要求。鸟类身上长的羽毛本身就很轻，随着时间的流逝，不必要的骨头都消失了，剩下的骨头很多也都是空心的，骨头里空心的通道还可能是呼吸系统的一部分。在空心的骨头里有很多纵横交错的小支柱，它们可以提供力量，承担外力。总而言之，这些骨头都是很轻的。

在鸟类的骨骼中，有一些脊椎骨连在了一起，用来连接它们的韧带和骨头都消失了，这是减轻重量、增加力量的又一个好办法。每一根肋骨都有一块突出的部分和其他肋骨交叠在一起，这样鸟类的胸部就被加固了。鸟类的躯体部分就像是一个又坚固又轻便的盒子，上面长着翅膀、腿和灵活的脖子。鸟类的翅膀一般都比它们的重心高。

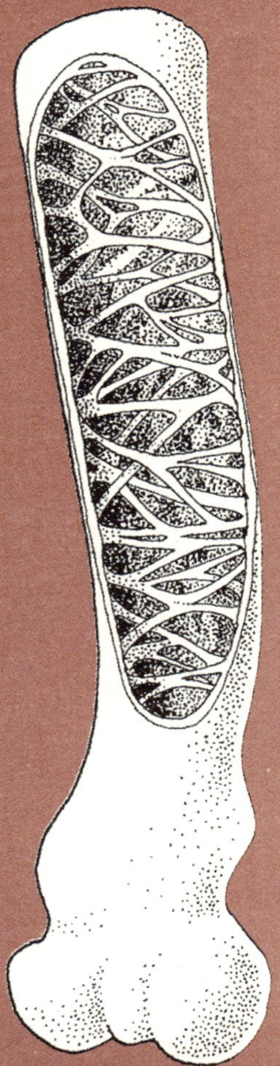

空心的骨头

为了达到减轻重量的目的，很多鸟类的骨头是空心的圆柱形，里面有纵横交错的小支柱来加固。

沿着鸟类的翅膀有一些小块的肌肉，它们可以控制关节的弯曲。给翅膀提供动力的肌肉长在鸟类的胸部上，部位在前肢和身体最接近的地方，这样这些很重的肌肉就不用随着翅膀上下扇动。

飞 行

鸟类掌管飞行的肌肉主要有两块：比较大的那一块在外面，叫做胸大肌，里面那一块叫做胸小肌。每当胸大肌收紧的时候，翅膀就向下扇动，当它放松的时候，胸小肌就收紧，翅膀就抬起来了。但是胸小肌长在翅膀的下面，为了把翅膀抬起来，肌肉末端的一块肌腱要通过肩胛带的空隙往上拉，然后翻过来，连结在肱骨的上端。肩胛带的上端对于这块肌腱来说，起到的就是滑轮的作用。这两块胸肌的下端都固定在胸骨上。鸟类巨大的龙骨突为它们的连接提供了一大块地方。胸肌是鸟类最大的肌肉，大概占身体重量的15%，对一些更健壮的鸟类来说，可能占到20%。它们工作起来效率很高，因为鸟类的心脏跳得很

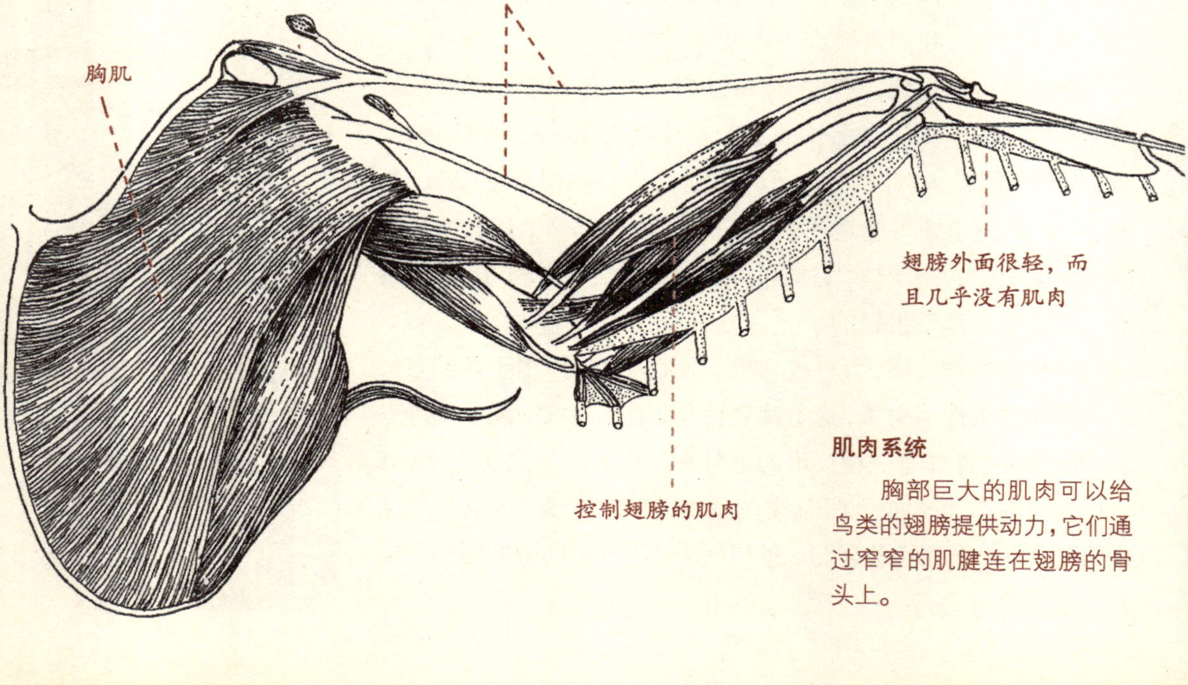

肌肉系统

胸部巨大的肌肉可以给鸟类的翅膀提供动力，它们通过窄窄的肌腱连在翅膀的骨头上。

快，可以给它们提供很多新鲜血液，肺部也可以给它们提供很多氧气。飞行的时候，胸肌提供的能量的比例可能是人类肌肉的10倍以上。

要想飞得快，流线型的造型是非常重要的。鸟类的脚要折起来藏在身体下面，飞羽可以让脖子、翅膀和身体连接的地方变得更光滑。有些鸟类的线条没有那么光滑，比如说仙鹤虽然能够飞行很长的距离，但是当它飞行的时候，两条长腿是向后伸展的，这样它就不是一个很好的流线型的造型，所以飞行速度也不会很快。

虽然飞行很复杂，但是对鸟类来说，这好像是天生的，用不着学习。人们用雏鸟做了实验，从它们出生到羽毛长全可以飞行的这段时间内，都不让它们张开翅膀。可是它们一旦张开了翅膀，马上就能飞，根本不需要练习。有人发现，潜水海燕第一次离开鸟窝的时候就能飞行一万米。

知识窗

疣鼻天鹅的翅膀面积有6 800平方厘米，而一只红喉蜂雀的翅膀面积只有12.4平方厘米。

红喉蜂雀

疣鼻天鹅

翅膀的动作

翅膀向下扇动的时候胸大肌收紧，翅膀向上抬起的时候胸小肌收紧。

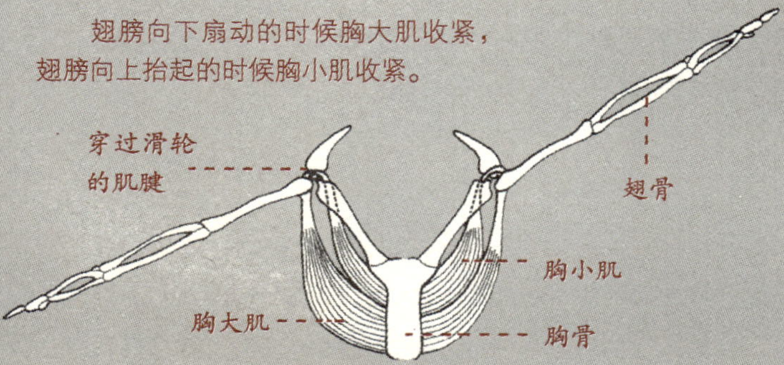

很多飞得快的鸟的翅膀都相当窄，而且是向后倾斜的，它们就靠这样的翅膀飞行，这种翅膀的形状可以减少阻力，和那些生活在树林里的鸟不一样，它们的翅膀更宽大、更圆，因为对它们来说，飞行的机动性要比飞行的直线速度重要得多。飞得快的鸟翅膀上一般都有一个低低的拱形，然后向着翅膀的尖端逐渐变细。

鸟类中的飞毛腿

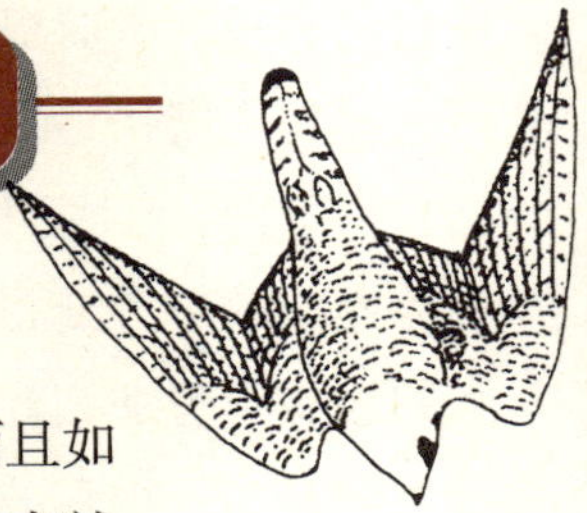

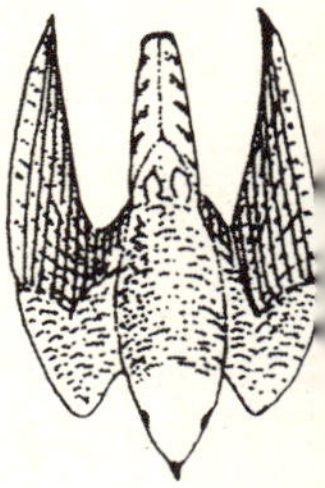

野鸟的飞行速度很难测量，而且如果它被俘虏了或者是受到控制，飞起来就和在野外飞行的时候不一样了。鸟类最快能飞多快？人们对这个问题争论很大。人们经常引用的是亚洲针尾雨燕的数据，它的水平飞行速度是每小时171千米，但是很多鸟类学者怀疑这个数据的精确性。同时，尽管游隼俯冲的时候（也就是它合起翅膀扑向猎物的时候），飞行速度可以达到每小时354千米，但是科学家认为，这个速度的一半可能更接近鸟类速度的最大值。它可以被称作是飞得最快的鸟。

很多鸟类平时都有一个在天空漫游的速度，这个速度不太快，但是碰到紧急情况的时候，比如碰到敌人或是捕捉猎物的时候，它们的速度就能变得很快，就像是给汽车“换挡”一样。很多小鸟平时飞得很慢，但是一旦需要的时候，它们的飞

针尾雨燕

它飞得很快，可是也许并不像我们原来想像得那么快。

一些公认的鸟类的飞行速度：	
赛鸽：	每小时71千米
林鸽：	每小时61千米
鹅：	每小时55千米
银鸥：	每小时39千米
蓝冠山雀：	每小时29千米

俯冲的隼

游隼水平飞行时的速度就已经很快了，但是当它合起翅膀冲向猎物的时候，还可以把速度变得更快。

知识窗

飞行绝不只是扇动翅膀那么简单，鸟类还要考虑风和其他的空气运动对它们飞行的影响。有时候鸟类可以利用空气的运动达到非常好的效果。一只非洲秃鹰被一架小型飞机跟着飞了76千米，平均速度达到每小时47千米，可是在这个过程中，它的翅膀一下也没扇动过，它靠热气流来获得飞行的高度。

兀鹫

行速度可以达到每小时53千米。鸟类中著名的飞毛腿有隼、鸽子和一些涉水鸟。而雨燕平时的飞行速度并不算特别快，尽管在英文中它的名字是敏捷迅速的意思。一般大型鸟类的飞行速度比小型鸟类要快，但是有时候也有例外。

当然，在天上飞的速度和在地上跑的速度是不一样的。风刮起来的方向可能和翅膀的方向相同，也可能相反，还有可能交叉。鸟类好像可以自动用更努力的飞行来抵消逆风给它们带来的影响。

燕隼

欧洲燕雀

飞得快的鸟类的翅膀和生活在林间的鸟类的翅膀的比较（上图）

燕隼的翅膀又长又尖，这样的翅膀可以飞得很快。雀鹰的翅膀是圆的，它飞得没那么快，可是它的机动性很好，可以灵活地避开树木和其他的障碍。

翅膀的形状

最基本的翅膀形状有4种：燕子的翅膀适合快速的飞行；野鸡的翅膀飞不快，但是很有力；秃鹰的翅膀适合高飞；海鸥的翅膀适合滑行。

燕子

野鸡

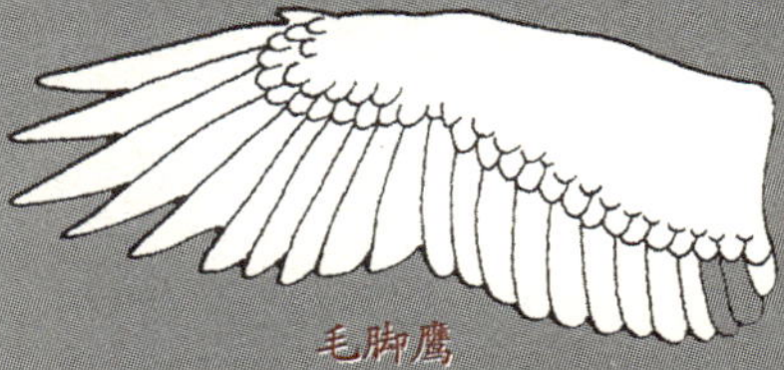

毛脚鹰

海鸥

那些肉食性的鸟类，比如说秃鹰和仙鹤，非常善于高飞，而且非常善于用最少的能量在天空中懒洋洋地兜圈子。

悬在空中

擅长高飞的鸟翅膀都相当长，而且非常宽，在翅膀的上表面有一道很低的拱形。翅膀的末端不会变成一点，而是很宽阔，上面长着很多独立的初级飞羽，在初级飞羽的末端之间有很多空隙。这些羽毛是让翅膀翱翔的秘密。

如果翅膀的前端有一个向上的角度（这个角叫做“迎角”），就能给飞行提供更多的上升力。可是如果这个角度太大的话，经过翅膀上方的气流就会脱离这个表面形成漩涡，这样可能会造成湍流，影响上升。在某一个点上，湍流会切断这个上升力，这样鸟就得不到支持，停止上升，而且开始往下掉。一只擅长高飞的鸟，它的小翼羽（就是长在它拇指上的羽毛）会和主翼的前端分开，留下一个小小的空隙，气流可以很快地从这里经过，然后流过主翼的表面而不形成湍流。那些长长的初级飞羽就像是一系列小机翼，它们中间有一些空的小槽，空气可以很容易地从这里通过。如果翅膀的末端是实心的，就会形

安第斯秃鹰

这种鸟有适合高飞的巨大的翅膀，在飞行中，我们很容易看到它初级飞羽之间的小槽，这些小槽可以防止湍流的形成。

成湍流，这样会引起很大的麻烦。

那些有小槽的初级飞羽和小翼羽，可以让翅膀很出色地低速飞行，也可以给一只大鸟提供足够的上升力。这样的翅膀还可以提供很好的机动性。

像秃鹰这样擅长高飞的鸟，经常在空中寻找那些可以和自己落下的速度抵消的快速上升的气流。令人吃惊的是，一只仙鹤在高飞的时候，只用了1/12的能量来拍动翅膀。

你知道吗

如果没有上升的空气，要想高高升起来是不可能的，所以秃鹰早上很早的时候就着陆了，一直到太阳把陆地加热它才起飞。不过，一旦有了热量可以利用，秃鹰几乎不用什么能量就能飞很长的距离。

气流

如果角度很低，气流就很容易从翅膀上流过。

如果翅膀和气流之间的角度比较大，气流就会离开翅膀表面，形成湍流。

小翼羽形成的小槽可以帮助气流平滑地流过翅膀的表面。

仙鹤

这种鸟可以利用热空气的运动，飞很长的距离。

有一些鸟类，比如说海鸥、海燕，尤其是信天翁可以利用风提供的能量，在海面上惊人地滑行。这些鸟的翅膀又长又窄，末端很尖，也没有那些低飞的鸟翅膀上常见的小槽。

在海上漫游

信天翁的翅膀展开来至少有两米长，当它漫游的时候从这只翅膀的末端到那只翅膀的末端可以达到3.25米。它的翅膀又长又窄，可以给它提供很多上升力，而且没有多少阻力。信天翁是很大的鸟，体重可以达到8.5千克。在平静的天气里，它就很难飞起来了。它要猛烈地拍打翅膀，要拼命地跑，还要用脚不断地拍打地面，这样才能艰难地起飞。不过它们生活的地方总是有很大的风，风平浪静的时候很少见。紧贴着海面吹过去的风由于受到海水和波浪的阻碍，所以比起海面上空的风来，速度被减慢了很多。实际上紧贴海面的风速和海面上空15米处的风速之间有一个坡度，海面上空的风因为不受水的影响，所以速度不会被减慢。正是风速之间的不同才让信天翁能像现在这样飞。

大海鸥

这种鸟很善于用它那又长又尖的翅膀飞过海面。

信天翁顺风飞行，逐渐在空气中下沉。它的速度很快，每小时可以达到55千米甚至更多。当它靠近海面的时候，就会钻进风里。这样飞得很快，而且风穿过它长长的翅膀，可以给它提供很多上升力。这样信天翁就开始上升了。它上升以后，风力就变强了，这样它的速度就会减慢。到了大约15米

信天翁的飞行模式

这种鸟先钻进风里，获得高度，然后又顺着风飞，靠降低高度来获得速度。

世界真奇妙

人们发现漫游的信天翁在71天里可以飞行32 992千米。

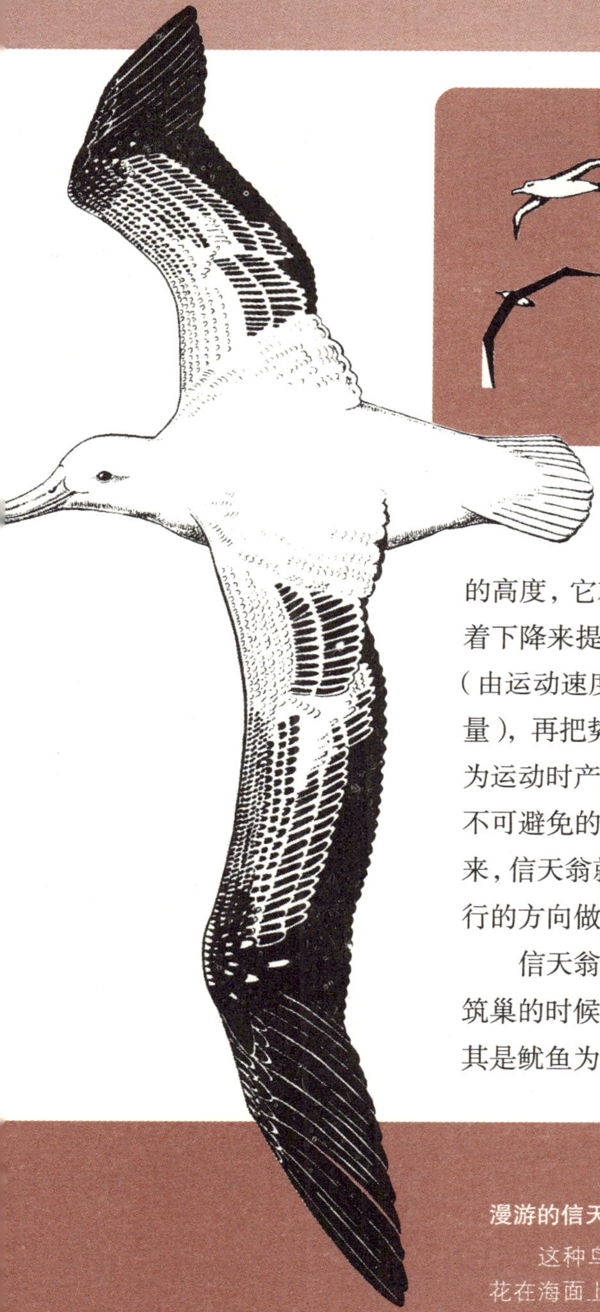

的高度，它就快要停下来了，这时它又开始顺着风飞，借着下降来提高速度。它不断重复这个过程，不断地把动能（由运动速度产生的能量）转化为势能（由高度产生的能量），再把势能转化为动能。在这个过程中，信天翁会因为运动时产生的摩擦和热量而损失一些能量，这种消耗是不可避免的，但是风会不断地给它补充新的能量。这样一来，信天翁就可以一连几个小时不扇动翅膀，只需要对飞行的方向做一些小小的调整就行了。

信天翁一年中大部分时间都生活在海上，只有求偶和筑巢的时候才飞到陆地上。它们靠吃海面的磷虾、鱼，尤其是鱿鱼为生。

漫游的信天翁

这种鸟把它一生大部分的时间都花在海面上，乘着风在离海平面很近的地方滑行。

很多鸟可以在空中的某一点上盘旋，哪怕时间很短暂。对大多数鸟类来说，这种动作一看就知道它非常费力。

爱盘旋的鸟

有些肉食性鸟类，比如说红隼，可以在运动的空气中的某一点盘旋，它们轻轻地拍动着翅膀，通过小心翼翼地调整翅膀和水平轴的位置来保持这种状态。不过，真正的盘旋能手是300多种蜂雀。

蜂雀可以在很精确的一点上盘旋，或者可以像一架小直升机一样在同一个高度前后运动。这种本领很管用，因为这样它就可以准确地把它管子一样的嘴伸到花心里去吸取花蜜。它的舌头长得也像管子，可以伸出来把花蜜吸出来。

蜂雀翅膀的长度和一般那些有“手骨”的翅膀的长度不太一样，这些骨头相当于我们人类的臂骨。它腕关节的骨头可以让它的手在一个很宽的弧上旋转。它的翅膀水平地扇动，形成了一个“8”字形。当它的翅膀向上抬到尽头的时候，就会把翅膀翻过来再向下扇。这两个方向都能产生上升力。这个过程太快了，翅膀看上去都是模糊的，不过我们可以听到它的翅膀发出嗡嗡嗡的声音，这就是它名字的来源。它扇动翅膀的频率在每秒22次（体形大的那些蜂雀）到80次（体形小的那些蜂雀）之间。在一些比较快的动作过程中，比如说在求偶的飞行中，它每秒钟扇动翅膀的次数可以达到两百次甚至

盘旋飞行

蜂雀盘旋的时候，它的翅膀快速地前后扇动，通过这两个方向的拍打获得上升的力量。

进食

这只蜂雀先是盘旋，然后逐渐向花朵靠近，精确地把嘴插进花心里。

更多。

蜂雀飞得非常好，而且飞行的精确度非常高，所以它们基本上用不着走路，这样一来，它们的小脚就退化了，只承担栖息的任务。有些蜂雀非常好斗，它们会守卫着一小片花丛，不让其他的同类靠近。一旦有同类靠近，它们就以惊人的精力互相追打。很多蜂雀求偶时的飞行都很引人入胜，比如说，雄性的艾伦蜂雀求偶的时候会从30米的高空向雌性蜂雀飞快地俯冲下来，它那光彩夺目的绿色羽毛就像在空中划过一道闪电那样耀眼。

翅膀的运动（下图）

这些都是蜂雀盘旋时候做的动作。

知识窗

蜂雀有着惊人的机动性，有些时候它们的速度可以达到每小时72千米。所有的蜂雀都比燕子小，而且大多数都比燕子小得多。最小的蜂雀是蜂鸟，它从嘴尖到尾巴尖一共只有5.7厘米长，翅膀打开也不到10厘米长，体重只有1.6克。

对于鸟类这样的动物来说，飞行和视力是非常重要的，所以很多鸟的求偶过程都和飞行表演联系起来也就不奇怪了。鹪鹩就是以飞快的空中追击作为求偶典礼的序幕的。

在空中求婚

雄性的云雀高高地飞入云端，一边飞一边唱着歌。这种表演不但可以给它的领地打上标记，而且可以吸引那些潜在的配偶。有些猫头鹰和鸽子想要“广告征婚”的时候，也会用很夸张的姿势飞行。

有一些种类的鸟用显示自己的飞行技术威力无边的办法给配偶留下印象。它们可能飞得很快，也可能采用特技飞行的方式求婚。一对新结婚的燕鸥会在雄燕鸥的带领下飞上几百米的高空，然后再首尾相接地滑行下来。有些肉食性的鸟会翻跟斗，一只鸟在空中轻轻一滑就可以上下颠倒，然后再抓住配偶的爪子。不过同样是翻跟斗，红鸢鹞鹰和非洲鱼鹰翻得就不一样。有些时候，在翻跟斗的过程中，这一对鸟还可以互相交换食物作为礼物。夜鹰的求爱飞行也非常特殊，比如美洲一种很常见的夜鹰在求偶的时候，雄夜鹰会飞快地从高空俯冲向停在地面上的雌夜鹰，等到了雌夜鹰正上方又突然离开它。翻滚的气流经过翅膀的羽毛，可以增加俯冲的视角。那些翅膀长度很标准的雄性非洲夜鹰，每只翅膀上都有着特别加长了的初级飞羽，飞羽上有一根长长的复杂的主轴，末尾还有像旗子似的羽支。当它们

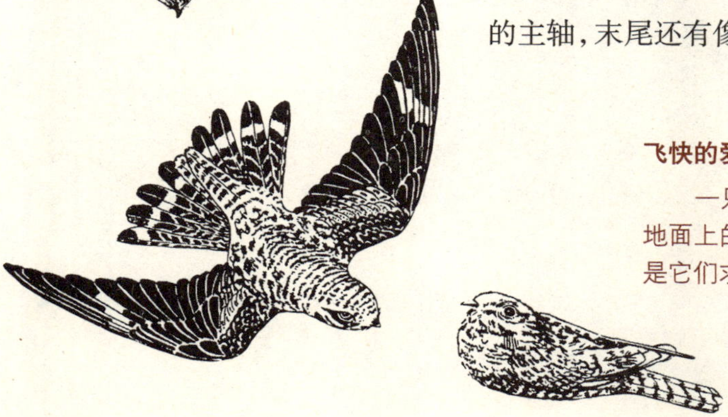

飞快的爱

一只雄性的美洲夜鹰飞快地朝地面上的雌性夜鹰俯冲下来，这也是它们求偶表演的一部分。

精力充沛的爱

这对海鹰互相抓住对方的爪子，这种特技表演也是它们求偶仪式的一部分。

在雌夜鹰上空绕圈子的时候，这些特殊的羽毛就在翅膀上摆动，这样的表演是很难被忽视的。获得了雌夜鹰芳心之后，雄夜鹰就会褪掉这些长羽毛，这些长羽毛也不会再长出来，一直到下个求偶季节到来为止。

在涉水鸟之中，有很多求偶飞行表演的例子。比如鸻会在螺旋、翻跟斗、俯冲等等特技飞行中求爱，很多矶鹞也有求偶飞行表演的仪式。

知识窗

鹬是一种常见的涉水鸟，它在飞行表演中加入了机械的声音作为配音。它尾巴上有两根靠外面的羽毛是竖起来的，所以它们就能以一个特别的空气速度振动。鹬俯冲的时候和地面成45度角，速度可以达到每小时69千米，这时它的尾巴像扇子一样展开，尾巴上的羽毛就会发出嗡嗡的响声，这响声可以一直传到很远。

鹬

只有在热带和亚热带才能一年四季都有成熟的果实，这样那些终年吃果实的鸟才有可能生存下来。很多不同科的鸟类经过进化都适应了这种生活方式，它们一般都有着这样的特征：光彩夺目的羽毛和吵吵嚷嚷的大嗓门。

寻找果实

在热带森林里，一般来说树上一年四季都开着花，结着果。不过，如果这里有鸟类居住，而且要在这里填饱肚子，那么鸟类一般都不会是一大群一大群地生活在一起。更常见的情况是，它们三三两两地分散在整个森林里。很多吃果实的鸟飞行的时候都是聚集在一起的，它们通过灿烂的羽毛和沙哑的声音来分辨同类、保持联系，如果哪个同伴在森林里找到了成熟的果实，它们就一起飞快地飞去吃。有些时候，不同种类的鸟也可能混在一起，组成一个混合小分队，一起飞过森林，停在某一棵树上狼吞虎咽，一直到那棵树上的果实被吃得一干二净为止，然后它们再一起飞向下一棵树继续吃。这些鸟中有很多是在树冠中间或在树冠之上飞行，这样利于和同伴保持联系，可能也更容易发现下面的果实。

因为它们吃的是果实，所以就没必要飞得那么快，也没必要飞得偷偷摸摸的。不过如果它们很强壮，那就很管用，因为这样可以在森林里轻松飞过果实繁茂的树木之间的一大段距离，就像一些吃果实的鹦鹉和果鸠那样。美洲的热带地区的巨嘴鸟、亚洲和非洲热带地区的犀鸟都是吃果实的大型鸟类，这两个科虽然不是近亲，但在某些方面却有着有趣的平行现象，比如，它们都喜欢聚成一小群，吵吵

巨嘴鸟

这种鸟的嘴巴大得惊人，它是用来采集果实的。

知识窗

鸟类需要果树，同样果树也需要鸟类。因为鸟类吃了果实，只能消化果肉，不能消化果肉里的种子。种子可能被鸟类吐出来或是排泄出来，这样就可以被带到森林的各处去生根发芽了。

凤尾绿咬鹃（左图）

凤尾绿咬鹃生活在热带新大陆，它也是吃果实的鸟类家族中的一员。

嚷嚷地飞过森林，它们的嘴都非常大，而且用途广泛，其中很重要的一个作用是它们可以坐在树枝上，把嘴伸长去摘长在嫩芽上的果实，因为嫩芽支撑不了它们这样的大型鸟类的体重。不过它们的嘴虽然很大，但是重量却很轻，不会成为它们飞行的负担。

果鸠（上图）

果鸠有很多种类，它们大部分生活在东南亚，有些生活在太平洋的小岛上。

大种印第安犀鸟（右图）

这种鸟吃很多种果实，它的嘴很轻，上面长了一个角。

金刚鹦鹉（左图）

这样的鹦鹉可以吃果实，也可以把种子和坚果的壳啄开吃里面的果仁。

昆虫是鸟类最常见的食物，现代鸟类的进化有一部分原因可以用它们适应了以昆虫为食来解释。现代的昆虫种类众多，它们很多是随着开花植物发展起来的。

捕捉昆虫

即使是那些吃谷物和果实的鸟类也常常给它们的幼鸟喂虫子吃，因为虫子是一个很好的蛋白质的来源。有些鸟在地面上找虫子，有些鸟在树叶和小树枝上找虫子，还有很多不同种类的鸟都是在空中捕捉飞虫。

捕蝇鸟啄虫子的办法很典型。这种鸟坐在一根突出的树枝上，这样它就可以获得一个很好的视野，接下来它就等着飞虫自己闯进它的视野。等昆虫来了，它就飞起来，在飞行中抓虫子，再飞回树枝上吃掉它，它不断重复

林鸱（下图）

这种鸟的嘴巴可以张得很大，可以在飞行中捉虫子。

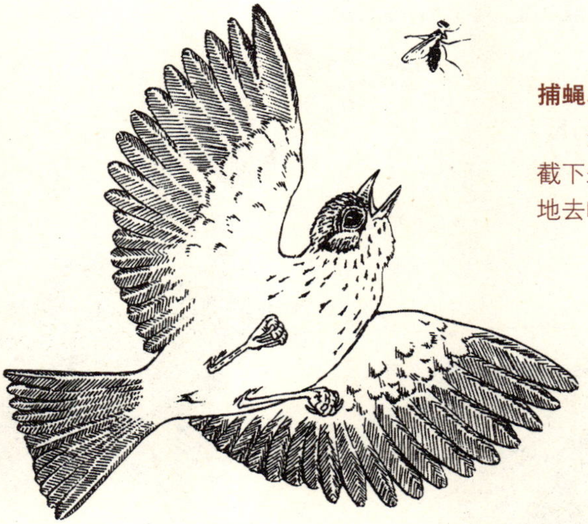

捕蝇鸟（左图）

这种鸟把昆虫拦截下来，再带回栖息地去吃。

短尾鸟（右图）

这种鸟有着尖尖的嘴巴，是典型的食虫鸟。

食蜂鸟

这种鸟追赶的猎物很危险。

这个过程，就可以填饱肚子了。鹡鸰也喜欢站在树枝上扫描天空，有时候它甚至从地面跳到天空去追赶猎物。这种扫描、捕捉的技术，世界上很多鸟类都会，包括南美的鹟鴷和加勒比海的短尾鸟。

伯劳鸟采用了这种技术的另一种方式，它有时候在半空中捉虫子，但是大多数情况下它是飞向地面追赶昆虫或者小脊椎动物，当它回到原来栖息的树枝上时，会把猎物穿在树枝的硬刺上，建一个小食品仓库，留着以后慢慢享用。林鸱是一种喜欢在夜间活动的鸟类，它和南美洲的夜鹰有亲缘关系。它们通常在树桩上栖息，它们的颜色和花纹简直和树桩一模一样，白天的时候，这给它们提供了绝妙的伪装。晚上，它们就从栖息的树桩上飞起来，去捕捉飞蛾和甲虫。

伯劳鸟

这种鸟把昆虫和小蜥蜴穿在硬刺上储藏起来。

知识窗

食蜂鸟有时候也吃其他种类的昆虫，不过正如它的名字告诉我们的一样，它的主要食物是蜜蜂。这种鸟先在它栖息的树枝上观察猎物的情况，然后飞出来用它的长嘴在半道上从下面把蜜蜂拦截下来。它很聪明地让蜜蜂的刺远离自己的身体，然后又飞回它栖息的地方。它在树枝上狠狠地打蜜蜂的腹部，直到蜜蜂的刺和毒液囊都掉了为止。这时蜜蜂吃起来就安全了。当食蜂鸟哺育幼鸟的时候，每天可能要重复 200 多次这个过程。

在黄昏渐渐降临的时候，一只长翅膀的鸟静静地飞过天空，追赶着虫子。它跟着一只飞蛾旋转，转弯，追上它以后就一口把它吞了。这时，夜幕降临了，夜鹰才刚刚找到它的第一顿饭。

捕捉空气里的浮游生物

夜鹰主要生活在温暖的国度里，但是有些种类的夜鹰在夏天的时候也会迁徙到温带地区。它们需要不断地进食昆虫，而这些昆虫它们一般是晚上用翅膀捉住的。它们的羽毛很柔软，所以飞行的时候通常都很安静。它们的嘴很大，周围长了一圈刚毛。它们的嘴张得很开，这样就给那些昆虫布下了一个陷阱，可以吞下一只大飞蛾，也可以把塞满了整张嘴的一群蚊子打扫得一干二净。有些证据表明，它们好像可以用回声波定位的办法来寻找食物。

燕子是我们很熟悉的日间飞行者，它们也要在空中寻找食物，所以它们常常在昆虫聚集的地方飞来飞去，就像是在巡逻一样。盛产果实，适合打猎的地方总是靠近水源。燕子的体形是流线型的，机动性特别好，它们的嘴很短，但是却可以张得很大。它们捉的小飞虫多得数不清，捉虫子的时候，不同种类的燕子会均分那些可能的食物。在有些地

捕食

一只夜鹰猛地把一只飞蛾吞进它的大嘴。

方燕子和家燕一起捕食，家燕捉的是那些蚜虫和小飞虫，燕子捉的是那些大一些的飞虫。当它们哺育幼鸟的时候，要捉数目惊人的昆虫，把它们压成一个小球，然后再带回巢里去。一对燕子一天可能要带回几百个这样的小球，也就是成千上万的小飞虫。

雨燕是最典型的生活在空中的鸟类，它们不是燕子的近亲，而是蜂雀的近亲。而且，它们和蜂雀一样，脚都很小，所以它们很少栖息，除非是在自己的巢里。雨燕整天都在飞，晚上它们也要飞上高空，在飞行中睡觉。除了繁殖的时候，它们是绝不会定居的。根据计算，一只雨燕在它长出羽毛以后要飞行 50 万千米，一直到两年后它繁殖的时候才着陆。它们那又短又阔的嘴可以帮助它们在飞行的过程中捉虫子来作为能量。

知识窗

像燕子一样，雨燕也用团成小球的昆虫来哺育幼鸟。不过如果食物不够充足，小雨燕很快就会变冷，体重也会减轻，这种情况会持续一周左右，一直到这种情况得到改善，它才恢复正常的生长。

阿尔卑斯雨燕（上图）

这种大鸟飞得很快，一群雨燕飞过天空，一边飞还一边叫。

家燕（左图）

这种鸟经常在水面低低飞过，猛地咬住昆虫。

飞行中的雕鸮

即使是翅膀展开有 1.8 米的雕鸮也能悄无声息地捕捉猎物。

安静的飞行

几乎所有的猫头鹰都在夜间捕食。它们的眼睛很大，很发达，这样的眼睛让它们看上去好像很聪明的样子，可是实际上它们的智力也没什么特别的。它们的感觉器官也就是眼睛和耳朵，是它们成功捕食的秘密武器。

猫头鹰的眼睛对微弱光线的敏感程度是我们人类的三倍，所以它们晚上比白天看得更清楚。它们的眼睛是固定朝着正前方的，不过它们的脖子非常灵活，可以自由转向任何方向。这双正视前方的眼睛可以帮助它们确定猎物的位置，当它们向猎物发起进攻的时候也可以很好地判断距离。不过即使天黑得看不清猎物，很多猫头鹰还是能够成功地捕获猎物，这时靠的就是它们的耳朵了。它们耳朵的开口就是头部旁边大大的裂缝（有些猫头鹰长着“耳簇羽”，看上去像耳朵一样，实际上和耳朵没多大关系）。很多猫头鹰脸上都有羽毛长成圆盘一样的形状，这些羽毛可以帮助它们把声音聚集起来，传进耳朵里。它们的耳朵尤其适合接受那些高频率的声音，比如老鼠一类的动物发出的窸窸窣窣的声音。

对猫头鹰来说，为了让听觉更灵敏，也为了能够偷偷

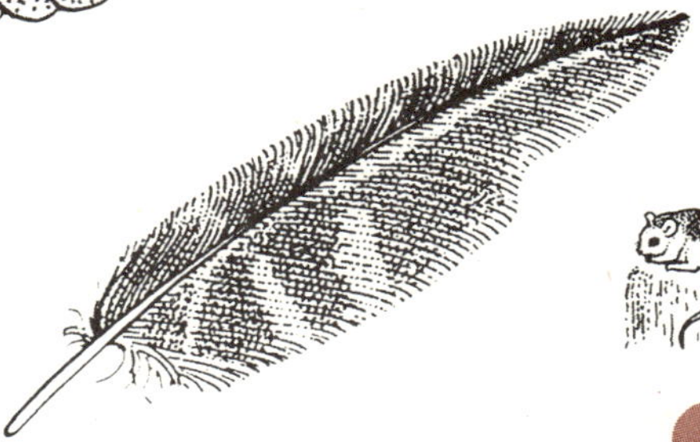

猫头鹰翅膀的羽毛

羽毛那有流苏的边缘和光滑的表面可以防止它在飞行中发出声音。

捕捉猎物

茶色猫头鹰看着它的猎物，靠它夜间视力的帮助来进行目标追踪。

地接近猎物，让自己保持安静是很重要的。相对于它的体重而言，猫头鹰的翅膀通常都很大，这样它飞起来就不费力气，而且翅膀也不用扇得很快，不会发出太大的声音。猫头鹰能够飞得很安静的另一个原因和它羽毛的设计有关。它的羽毛边缘有精美的流苏，羽毛表面像天鹅绒一样柔软，这样气流通过羽毛的时候就会非常安静。大部分猫头鹰飞行的时候都是悄无声息的，只有食鱼猫头鹰是个例外，因为它们的猎物在水下，听不到水面上的声音。

生活在旷野中的猫头鹰通常在飞行的过程中捕食，它们前前后后来回飞行，一直到找到猎物为止。有些昆虫飞着飞着就被吃掉了，有些栖木上的鸟和地面上的老鼠被发现了，猫头鹰就偷偷地飞向它的目标，用大大的爪子抓住它们。林地猫头鹰和茶色猫头鹰则会停在树枝上，向下扫视地面，等到发现了美餐，就猛地扑下去抓住它。

世界真奇妙

仓鸮可以在漆黑的夜里和猎物排成一排，然后飞起来用它的爪子准确地抓住猎物。

世界上大约有一半种类的鸟在它们生活的某些阶段都会聚成群。有时几种不同的鸟还会组成“混合小分队”一起飞行，比如美洲林地的北美山雀、簇羽山雀和白胸五子雀就是这样。有时候生活在一个集体中还是很有好处的。

群居的鸟

很多群居的鸟类都以种子为食，它们的食物也许非常丰富，但是可能只在某些特定的地方才能找到。如果一只鸟找到了食物，它的同伴也会飞过去和它一起享用这顿美餐。比起很多鸟分散开各自去找食的办法，这种寻找和利用食物的方法效率要高多了。在一群吃昆虫的鸟中间，有些鸟扮演的角色就像是帮助猎人从森林里赶出野兽的助手，它们负责惊动昆虫，把昆虫从它们的藏身之处赶出来。

群居相对来说更加安全，因为有更多的眼睛和耳朵可以观察周围的动静，可以更好地保持警惕，同时也可以更快地被认出来。每一只鸟可以花更少的时间来观察，而把更多的时间花在吃东西和别的动作上。一群飞行中的鸟可

自由的精灵

一群雀儿在飞行，它们飞行的时候并没有一个特定的队形。

知识窗

小型的鸟类即使排成了“V”字型的队伍，它们飞行时造成的空气运动也不能给同伴提供帮助，所以它们排的队是不成型的。

准备飞行

家燕聚集在电线上，组成了一个迁徙的小集体，准备起飞。

以把它们的天敌弄糊涂，很难挑出一个单个儿的目标。被老鹰攻击的一群小鸟常常串成一串，演出一场战略大逃亡的好戏。在队伍中间的鸟儿尤其会受到特别的保护。

很多平时独居的鸟，到了迁徙的时候也会聚成群。这样做不但可以受到更多的保护，而且很多鸟一起迁徙也比一只鸟单独迁徙更有优势，因为这样可以防止鸟儿们偏离正确的航线。

聚成一群飞行还有一个更深层的好处，那就是它们飞行的时候可以采用一个特殊的排列方式，这样飞起来会更加省力。在迁徙的时候这一点就显得尤为重要了。鹅和鹤飞行的时候都会采用排成“V”字型，当它们扇动翅膀的时候，这些大鸟会在空气中造成巨大的漩涡，这些漩涡通常是能量损失的表现，不过如果跟在它后面的鸟正好处在那股向后的气流中，那它就可以从中获得额外的上升力，可以少花点力气来飞行。在长途飞行的时候，这些鸟会经常换换位置，会不时地有新的领头鸟来带领它们飞行。鸟群里的成员轮流承担领头鸟付出的努力。

列队飞行

鹅、火烈鸟一类的大型鸟类在集体飞行的时候，往往排成“V”字型的队伍，这样可以节省能量。

在哺乳动物中，蝙蝠是唯一能够真正飞行的种属。

五 会飞的哺乳动物

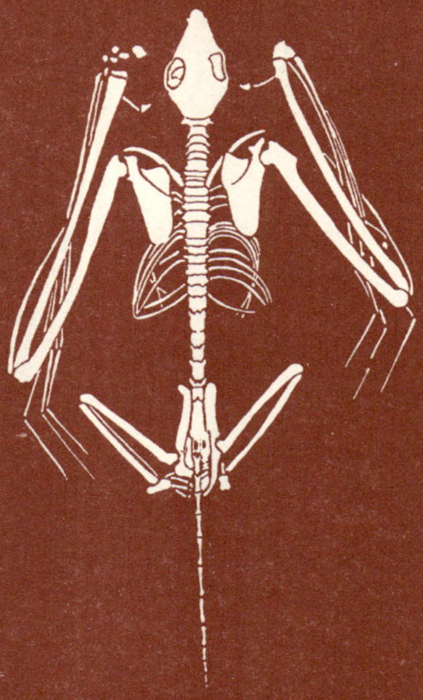

食指伊神蝠

这是一块化石，距今大约有5.5亿年的历史，这是现在我们知道的最早的蝙蝠。翅膀和身体其他部分的骨骼都保存得很好。

蝙蝠的进化

蝙蝠是哺乳动物中一个数目众多的种属，它们中间有将近1 000个种类，仅仅次于老鼠一类的啮齿动物。除此以外，它们在体形方面都比别的哺乳动物种群要小。这些都是因为它们受到飞行习惯的限制。最大的蝙蝠体重大约有1.2千克，最小的蝙蝠体重只有大约2克，大部分的蝙蝠体形都不大。它们的饮食习惯之间差别相当大。

现在已知最古老的蝙蝠化石距今大约有5.5亿年，在蝙蝠进化的过程中，并不存在“缺失的环节”。它们确实已经是蝙蝠了，和它们现代的同类只有一些很小的细节上的差别，比如说，它们的牙齿更多。最古老的蝙蝠是在美国的怀俄明州被找到的，其中包括大名鼎鼎的食指伊神蝠的

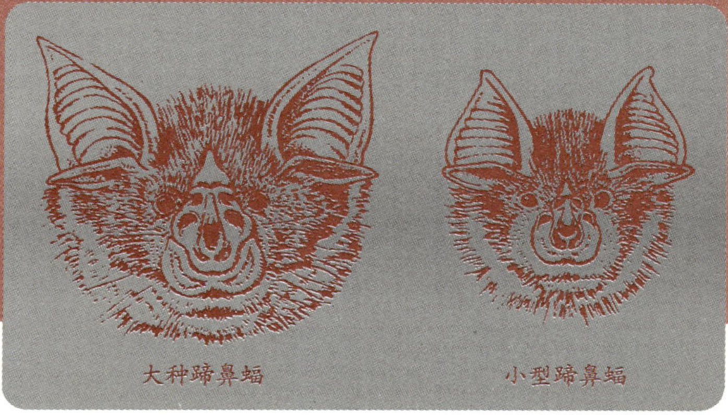

知识窗

在法国，人们一共找到了五个科的蝙蝠化石，它们现在都还活着。这些化石大约有3.5亿年的历史。其中的蹄鼻蝠至今还在夜空中捕食。

标本。在德国和澳大利亚也发现了和它时代差不多久远的蝙蝠化石。小蝙蝠的耳骨显示，它们已经采用回声定位的办法来探路了。体形比较大的食果蝙蝠好像进化得更晚一点，大约要到3亿年前才有。有人认为，食果蝙蝠和典型的蝙蝠是从不同的祖先进化来的。不过无论怎样，蝙蝠的这两大种类之间有着全面的相似性，而且通过对它们的DNA进行研究，证明它们还是有着共同的祖先的。

那么，蝙蝠的祖先到底是什么？它是一种小型的哺乳动物，喜欢在夜间活动，吃的是小虫子。这并不那么令人惊奇，因为很多早期哺乳动物都被描述成这样。当然，在解剖和化学方面，蝙蝠和鼩鼱之类的吃虫子的哺乳动物之间有很多共同特征。也许早期的一些吃虫子的动物是适合爬树的，它们发现飞起来捕捉那些会飞的猎物会更方便。也许这样一个滑行的阶段最后变成了真正的飞行。因为体形小，蝙蝠死后很难形成化石，即使是我们有的那些化石也暗示我们，这个与众不同的种属可能就是在恐龙之后的那个年代开始进化出来的。和它们的祖先一样，蝙蝠仍然保持着夜间活动的习惯，这样就可以避免和鸟类竞争，因为白天是鸟类的天下。

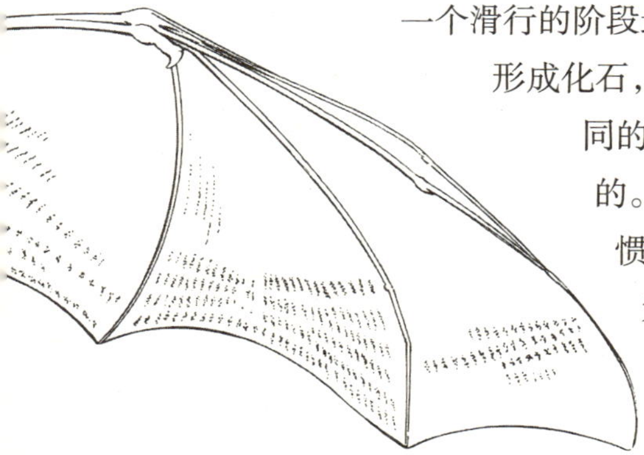

长耳蝙蝠

这是一种典型的现代蝙蝠。不过，它身体的基本式样和翅膀还是很古老。

蝙蝠翅膀的表面是一块柔软的、有弹性的薄膜，它由两层薄薄的皮肤构成。一只小蝙蝠的飞行薄膜可能只有不到一厘米的厚度，但是它的强度却是非常惊人的。

给人深刻印象的飞行

一只大种蹄鼻蝠张开了翅膀，向人们展示出支撑它翅膀的所有骨头。

蝙蝠的翅膀

蝙蝠的翅膀是一块薄膜，是由它的臂骨和手骨支撑的，但是它也会穿过蝙蝠的脚踝。有些蝙蝠的尾巴是自由的，但是大多数蝙蝠的飞行薄膜把它们的后腿和尾巴连在了一起。它的脚踝里通常有一块起支撑作用的软骨伸出来，用来保持飞行薄膜的伸展。

在蝙蝠的飞行薄膜里，有很多小小的血管。薄膜里还嵌着许多有弹性的纤维和小小的肌肉纤维，它们可以用来保证飞行薄膜是绷紧的，飞行的时候还可以稍微改变一下薄膜的形状。蝙蝠手臂的骨头基本上比我们人类要小得多，但是它们的指骨却被大大地延长了，每一根指骨都比它们的身体要长。它们的大拇指（也就是第一根手指）非常短，从翅膀的前端突出来。第二根手指沿着翅膀的前端延伸，它构成了翅膀前端的边缘。第三根手指一直延伸到

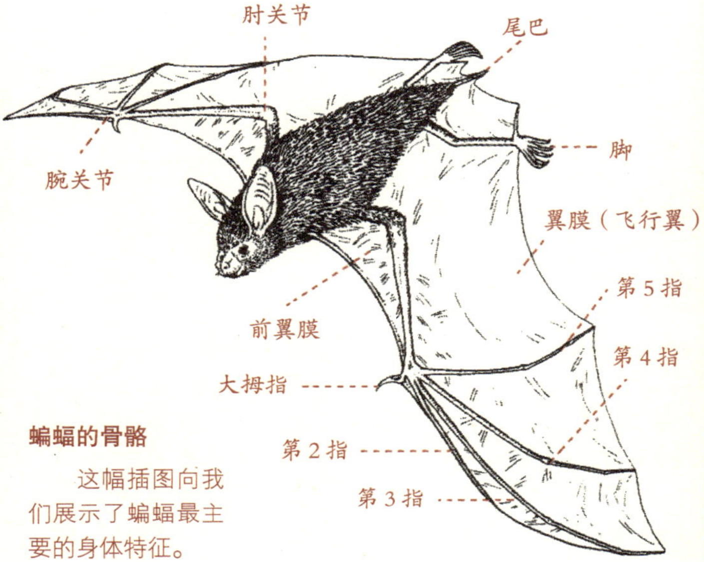

蝙蝠的骨骼

这幅插图向我们展示了蝙蝠最主要的身体特征。

翅膀的末端。第四、第五根手指则往回沿着翅膀的宽度方向横穿过去，第五根手指还控制着翅膀的弧度。

蝙蝠接近身体的上臂相对来说比较短，但是它的前臂非常长。从腕骨到身体之间有一块前翼，它靠一块特殊的肌肉来绷紧。大部分用来控制翅膀运动的大块肌肉都离身体很近，这样翅膀前后扇动起来就会比较容易。蝙蝠手上的肌肉相对于人类来说被简化了，因为它们手上只有9块肌肉，而人类有19块，并且每块肌肉也退化了，变得很小很小。肌肉长度的一大部分是肌腱，它们是肌肉中用来拉伸翅膀的部分。蝙蝠是微工程学和微重量方面的奇迹。它的飞行薄膜看上去很脆弱，但是它可以在遭到较小的破坏后自我恢复，甚至指骨碎了也能痊愈，因为它们可以得到飞行薄膜的支持，恢复起来完全没问题。

知识窗

和鸟类一样，蝙蝠不同的翅膀形状是为了适应不同的工作而进化出来的。那些飞得快的蝙蝠，比如说褐色大蝙蝠和游离尾蝙蝠，它们的翅膀就又长又窄。褐色大蝙蝠每小时可以飞行50千米。飞得慢的蝙蝠，比如长耳蝙蝠和蹄鼻蝠，它们善于盘旋或者是在草木中做出各种高难度的动作，它们的翅膀相对来说就又短又宽。

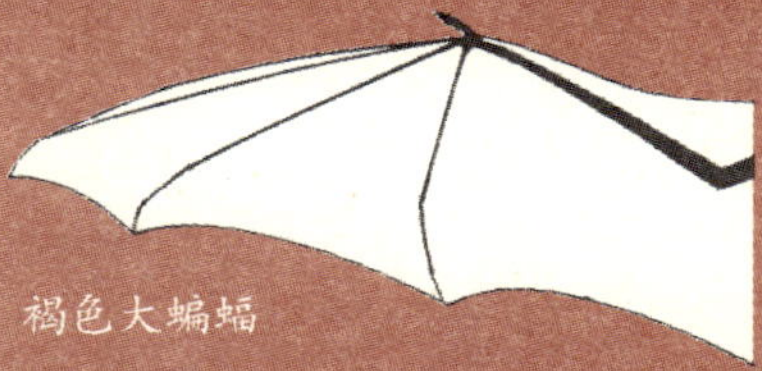
褐色大蝙蝠

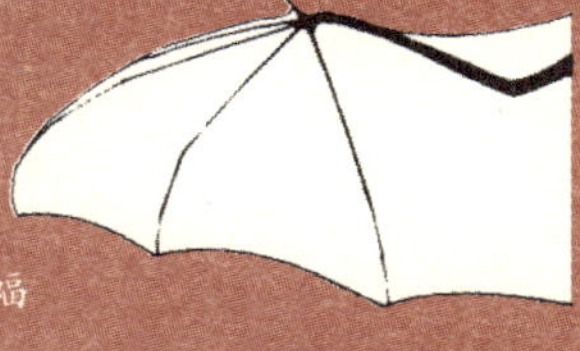
长耳蝙蝠

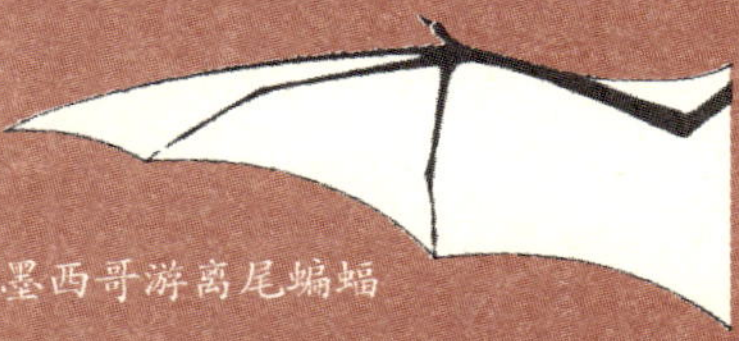
墨西哥游离尾蝙蝠

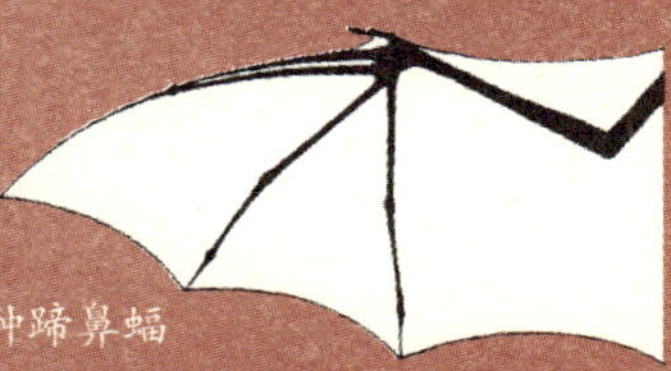
大种蹄鼻蝠

蝙蝠翅膀上的肌肉和鸟翅膀上的肌肉有好几方面的不同。鸟用一大块单独的肌肉来给翅膀提供向下扇动的动力，而蝙蝠要用四块肌肉。

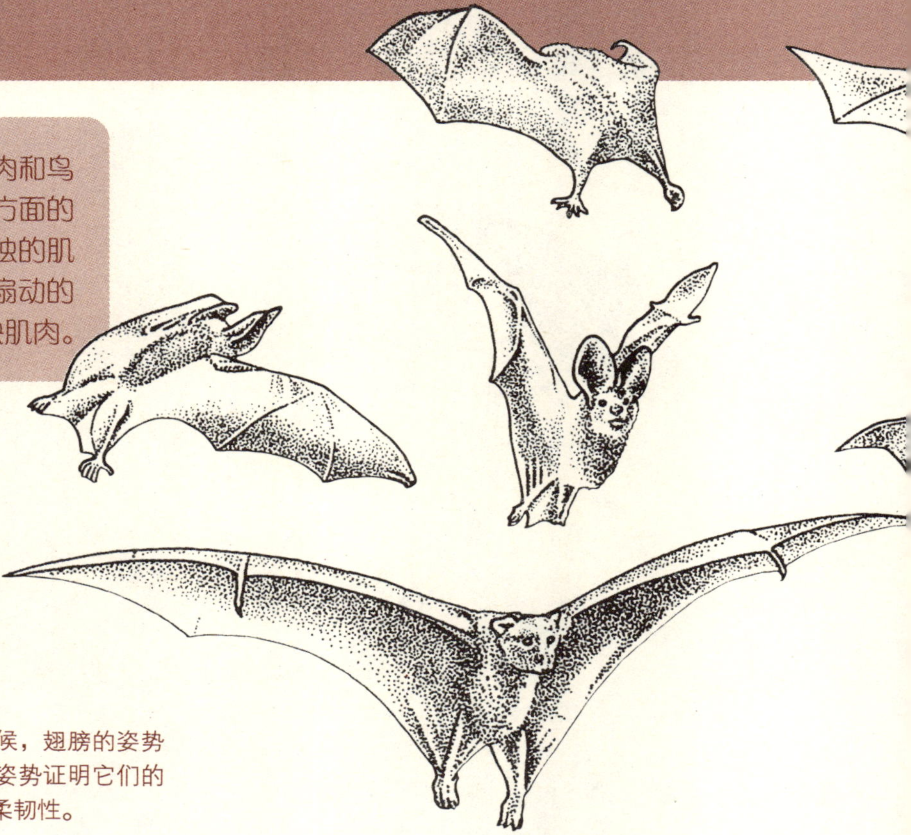

飞行的蝙蝠

蝙蝠在飞行的时候，翅膀的姿势可以有很多种，这些姿势证明它们的飞行薄膜有着很好的柔韧性。

它们飞得怎么样

负责向上扇动的肌肉在蝙蝠翅膀的上面，而不像鸟类一样是在翅膀的下面。翅膀向上扇动不是由一块主要的肌肉控制的，而是由好几块肌肉共同负责，它们的作用就相当于我们人类肩膀后面的那些肌肉。蝙蝠的胸骨上不需要有巨大的龙骨突。根据测量，蝙蝠翅膀肌肉的重量大约占整个身体重量的12%，就像那些小型鸟类一样。

从某些方面来说，蝙蝠的翅膀比鸟类的翅膀要好。比如说，蝙蝠手指里的骨头更多，这样运动起来就能更好地调整翅膀的形状，另外，翅膀的皮肤里还有很多小小的肌肉，最

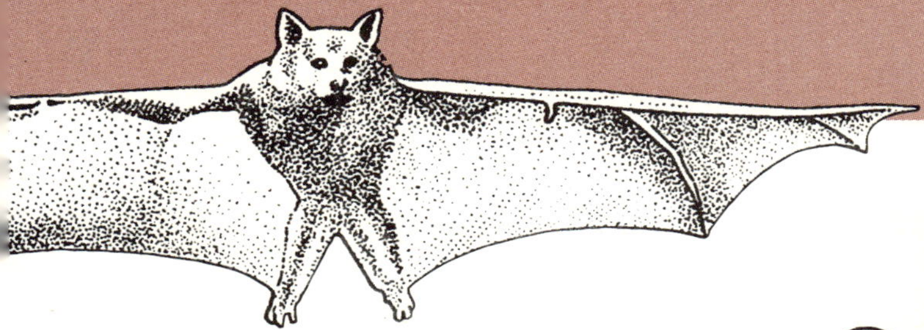

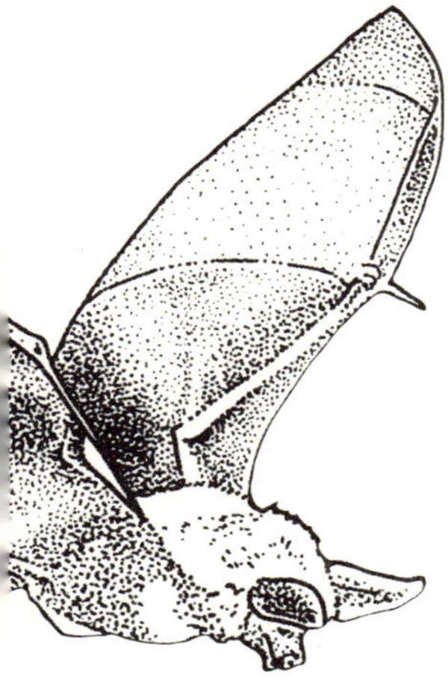

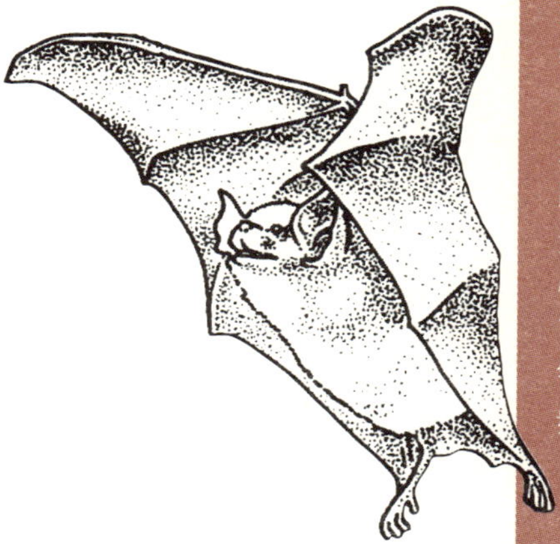

知识窗

蝙蝠的心脏按动物的规格来说，是一般陆地上的哺乳动物的两倍，而且血液中氧气的含量很高。很显然，这些都是为了适应飞行的结果。蝙蝠心脏跳动的频率也很快，根据测量，一只矛鼻蝙蝠休息的时候，心律是每分钟522次，但是当它飞行的时候，就会增加到每分钟822次，而且休息时它呼吸的频率是每分钟 180 次，但是当它飞行的时候，呼吸的频率会变成休息时的三倍。

后的结果就是这样的翅膀具有更强的机动性。蝙蝠可以做出各种各样的螺旋、转身的动作，而这些动作，很多鸟类是做不到的。通常蝙蝠都不太善于直线飞行，所以飞行的速度几乎没有得到过精确的测量。现今我们知道的飞得最快的蝙蝠能达到每小时 65 千米，不过大多数和蝙蝠大小差不多的鸟类也飞不了那么快。

相对于它们的体重而言，蝙蝠翅膀的面积比典型的鸟类更加大。它们缩减了自己的体积，这对克服它们自己的重力来说是必需的。有些动物飞行的时候要把孩子背在身上，有些动物飞行的时候要捕捉比自己体积还大的猎物，对这样的动物来说，这是很重要的。

根据记载，有一只美洲红蝙蝠落地了，背上背着它的四个孩子，它们加起来有母蝙蝠的两倍那么重。母蝙蝠飞不起来了，可是它却是带着这样沉重的负担从别处飞来的。

大部分蝙蝠都不是瞎子，它们在朦胧的黑暗中也能看得很清楚。不过即使是在完全黑暗的地方，蝙蝠也能通过听觉来认路。为了做到这一点，蝙蝠先要自己发出声音，然后再接收从它前面的物体上反射回来的声波。

认　路

蝙蝠发出的声音频率非常高，这些蝙蝠用来进行回声定位的声音超出了我们人类一般能够听到的范围。这还有一个原因是因为这些声音就像空气压缩打孔机发出的声音那么响。有一些种类的蝙蝠是从喉咙发出声音，然后从口腔把声波发射出去，另一些种类的蝙蝠则经过鼻子把声波发射出去。不用说蝙蝠那各种各样的外耳，就连它们那看上去很奇怪的耳廓、长得像长钉子一样的耳屏，脸上马蹄型的区域、皱巴巴的皮肤，好像都是为了更有效地聚集声波、或者让声波沿着特定的方向发散而设计的。

蝙蝠似乎可以通过回声定位来飞行，飞起来一点错误也不会犯。它们可以绕开树木、树枝和其他

收集回声

棕色长耳蝙蝠的耳朵非常大，而且耳根有一个长钉子形状的耳屏。这样的耳朵可以帮助它收集、分析回声。

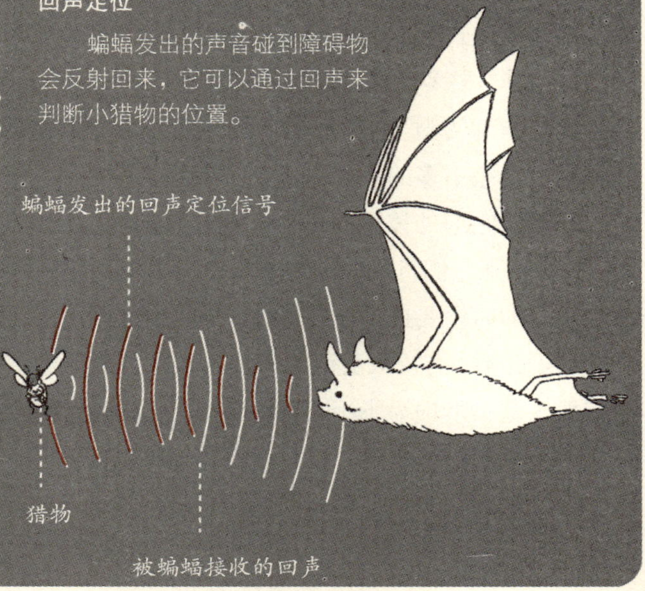

回声定位

蝙蝠发出的声音碰到障碍物会反射回来，它可以通过回声来判断小猎物的位置。

任何障碍，还可以通过那些小昆虫身上发出的回声把它们分辨出来，通过导向目标追踪把它们抓住当作食物。不同种类的蝙蝠发出声波的频率也不一样，它们也通过自己发出的声波的类型来互相区分。一种常见的类型是按照有规律的时间间隔发出叫声，当感觉到可能有猎物的时候就提高频率，来获得更多信息，然后蝙蝠就开始导向目标追踪。那些通过从树叶或地面上找食为生的蝙蝠，发出的声音比较小，可能是为了避免从地面反射回来的声波太强烈。

大部分会回声定位的动物都属于微型翼手目动物。食果蝙蝠通常用它们的耳朵来认路，不过栖息在山洞里的棕色食果蝙蝠是个例外。它们采用的办法是不停地咂舌头，然后听回声来认路。它们的回声定位系统远远不如那些吃虫子的蝙蝠发达。

知识窗

1794年，一个名叫斯帕兰泽尼的意大利人告诉人们，如果不蒙上蝙蝠的耳朵，那么它即使不用眼睛也能飞得很好。这件事很难解释。直到1938年人们才得到了足够的实验条件，证明蝙蝠能发出人们听不见的声音，接下来的实验才开始证明蝙蝠是怎样利用这些声音的。

鼠尾蝙蝠

这种蝙蝠的脸长得也很奇怪，它有一个像猪一样的朝天鼻。蝙蝠们各种各样的脸型好像是和它们回声定位系统的细微差别有关。

吃快餐

蝙蝠飞行的时候可以从它尾巴那儿的“袋子”里翻出食物，一边飞一边吃“快餐”。

翅膀的用处

有时候蝙蝠会用翅膀把昆虫扒拉到嘴里，或者把它们放到尾巴那儿的“袋子”里。

尾巴的用处

有些蝙蝠飞行的时候会用尾翼把大昆虫捞起来。

最早的蝙蝠就是以吃昆虫为生的，现代的很多蝙蝠仍然保留着这个习惯。虽然人们看不见，但是在漆黑的夜里，它们吃下了数不清的昆虫。人们认为，这些昆虫中有很多是害虫，比如说蚊子就是其中的一类。

蝙蝠和小虫

蝙蝠飞行的时候捉住昆虫是很常见的事情，大部分昆虫都是被蝙蝠用嘴抓住的，不过有些时候蝙蝠也会用嘴把想逃跑的昆虫挡回来，再送到嘴巴里。很多蝙蝠会用尾巴和附在尾巴上的飞行薄膜构成一种特殊的袋子，这个袋子可以用来从空气中捞食物，而且当蝙蝠嘴里已经塞得满满的，或者是刚从一个大猎物上咬下最美味的部位的时候，这个袋子也是一个临时存放猎物的好地方。蝙蝠即使在飞行的时候，也可以从这个袋子里翻找食物。

有些蝙蝠吃的昆虫个头很大，比如说飞蛾或者是蟋蟀，其他的蝙蝠吃的都是小得多的昆虫。昆虫飞行的时候会发出嗡嗡嗡的声音，所以蝙蝠就能听到它们，不过如果昆虫太小了，蝙蝠特有的回声定位系统探测不到它的话，蝙蝠就捉不到它们了。蝙蝠吃掉的昆虫的数量是非常惊人的。人们发现，家蝠在回家的路上要吃掉的昆虫重量，相当于它们体重的25%。有时候，仅仅半个小时之内，蝙蝠就能捕到这么多昆虫。一只家蝠体重的1/4，相当于1 250只小飞虫。照这样看来，一窝家蝠一个月要吃掉几百万只昆虫。

蝙蝠吃掉的昆虫大小不一，为了适应这一点，蝙蝠会用不同的办法、在不同的地方捕食。欧洲一些种类的蝙蝠，比如说水鼠耳蝠，常常轻轻地拍动翅膀，在离水面很近的地方飞行，这样来捕捉蜉蝣、蚊子和石蛾。家蝠飞得相当低，在飞行过程中还经常翻跟斗、转身，这样来捕捉猎物。褐色大蝙蝠飞得很高，而且相对来说它们飞得很直，它们捉的猎物都是像蝴蝶和飞蛾之类的大昆虫。长耳蝙蝠总是在草木间慢慢地飞行，它们常常一边盘旋，一边在树叶上寻找它们的猎物。

知识窗

大部分蝙蝠都有固定的飞行路线和捕食区域。这个地区可能离它们的家很近，大约只有几百平方米那么大。另一方面，美国得克萨斯州的游离尾蝙蝠会以每小时40千米以上的速度从它栖息的山洞里飞出来，去寻找飞蛾和蝴蝶作食物。

掠过水面

水鼠耳蝠经常在水面低低飞过，捕捉那些从水面升上来的蚊子一类的小虫。

肉食性蝙蝠

古代的假吸血蝠是一种大型蝙蝠，其中体形最大的是澳洲假吸血蝠，它们生活在澳大利亚，它的翅膀完全展开以后有60厘米长，头和身体加起来总共有14厘米长。它的捕食方式很特别：先是挂在树枝上，等待猎物，等到猎物靠近时，它就突然飞下来猛扑过去抓住猎物。它以老鼠、小型的有袋动物、鸟类、蝙蝠和爬行动物为食物。亚洲和非洲的假吸血蝠还吃一系列体形比较大的动物，有时候甚至飞到人们的房子里去抓墙上的蜥蜴吃。在美洲，有一种鼻子又长又尖的蝙蝠家族，这个家族的某些体形比较大的蝙蝠都是吃肉的，其中体形最大的是魔鬼假吸血蝠，它的翅膀完全展开以后有90厘米长。魔鬼假吸血蝠一般吃小型的哺乳动物和鸟类，它捕食陆生动物的时候，先是跟随在猎物的后面，然后突然抓住猎物，用它那大大的牙齿咬破猎物的头。它有时候也吃一种小型的耳朵又长又尖的蝙蝠，这种小型的蝙蝠翅膀完全展开以后只有45厘米长。

有一小部分种类的蝙蝠只吃鱼类，比如渔夫蝙蝠生活在中南美洲，捕食湖里和海里的鱼类。它

假吸血蝠

尽管从名字来看，它不是吸血的生物，但是，它的确是一个残忍的杀手。

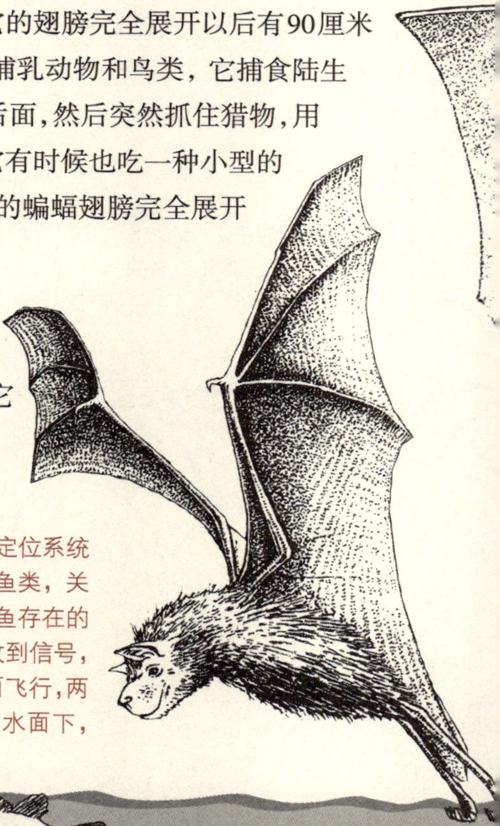

渔夫蝙蝠

这种蝙蝠通过回声定位系统探测生活在水面上层的鱼类，关键是根据可能意味着小鱼存在的浪花返回的信号，一旦收到信号，它就降低高度，贴着水面飞行，两只像利钩一样的脚放在水面下，伺机捕获鱼类。

许多蝙蝠对它们食物中的脊椎动物都会有一些选择，有些吃老鼠，有些吃青蛙，有些甚至吃其他的蝙蝠，还有一小部分种类的蝙蝠专门吃鱼类。

有两条长长的后腿，两只又细又长的爪子，当它在水面上飞行的时候，爪子就放在水里面浮动，但是水面几乎一点动静也没有，它的利爪能够抓到最长可以达到9厘米的鱼类（比如凤尾鱼），并且可以把它们刺穿。它身体尾部有一个小口袋，可能是用来存放食物的。它的犬齿很大，上嘴唇形成了一个小口袋，可以帮助它装外表很滑溜的鱼类。它身上的毛很短，而且含有很多油脂，因此，它身上的水很快就顺着毛皮流下来，这样对保持毛皮的干燥很有利。另外一种吃鱼类的蝙蝠——钓鱼蝠，属于小型棕色蝙蝠家族，钓鱼蝠生活在墨西哥海岸，它捕食鱼类的方式和渔夫蝙蝠一样，也是把两只利爪放在水里跟随鱼类，然后伺机抓住它，不同的是，它的尾部有一层薄膜，像小勺子一样，可以用来保存小鱼。

（右上）吃青蛙的蝙蝠

吃青蛙的蝙蝠的鼻子前面有一个像矛一样的又长又尖的东西，这是这种蝙蝠所属家族的典型特点。

（左上）吃青蛙的蝙蝠

这只蝙蝠通过青蛙的叫声来进行导向目标追踪，并且以此来给它的猎物定位。

知识窗

吃青蛙的蝙蝠也是属于鼻子又长又尖的种族的，它能够根据青蛙的叫声来判断它是可以吃的还是有毒的。

吸血鬼确实存在，但是它们都是来自中南美洲的小型蝙蝠。吸血的蝙蝠总共有三种，它们只吸食热血（恒温）动物身上的血。它们晚上出来袭击猎物，因为动作很轻，所以猎物很少被惊醒，也很少会发觉被它们吸了血。

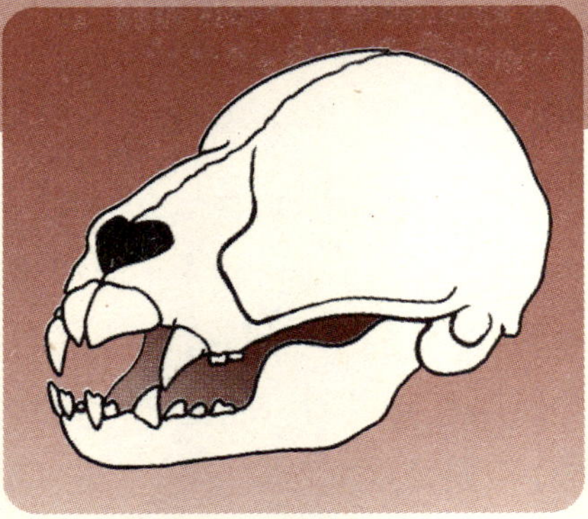

吸血蝙蝠的颅骨

从这具头骨得知，吸血蝙蝠的牙齿数量很少，但相对较大。

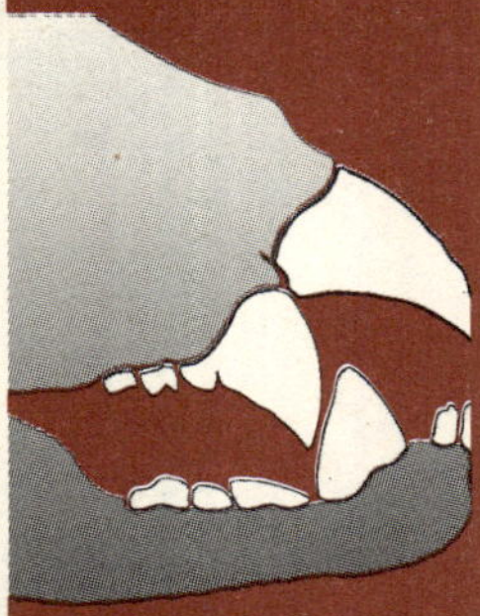

吸血蝙蝠的牙齿

这些牙齿可以剃去皮肤上的毛，然后轻轻地咬开一个小口，而不让猎物感到疼痛。

吸血蝙蝠

吸血蝙蝠包括头部和身体在内，最长的也只有9厘米，它们的牙齿比其他种类的蝙蝠少得多，但是它们的犬牙和门牙很锋利。吸血蝙蝠一般一边在天空中飞行，一边寻找它们的猎物，一旦找到了食物，它就落到地面，用四只脚轻轻地爬行。吸血蝙蝠先找到皮肤上一块温度比较高的地方（也就是血管靠近皮肤表面的地方），然后就飞快地在猎物的皮肤上咬开一个小口，这样血液就流出来了。接下来它就开始舔食流出来的血液，同时，吸血蝙蝠会把它的唾液滴进猎物皮肤上那个小小的伤口里，唾液里面含有一种抗凝血剂，这样就可以成功地阻止猎物血液的凝固，而血液也就会源源不断地流出来，吸血蝙蝠就可以安心地吸食血液，直到吃饱为止。

吸血蝙蝠一般要15分钟才能吃饱，它一次吸食的血液重量相当于它自己体重的

在陆地上

吸血蝙蝠能够很好地用四肢行走，它们用四只脚悄悄地逼近它们的吸食目标。

40%。一只吸血蝙蝠可能一个晚上连续的吸食一个猎物（我们称它的猎物为“宿主”）的血液好几次。虽然，有一个宿主动物一晚上可能会被好几个吸血蝙蝠吸食血液，但是失去这么多血液对宿主动物自己的身体可能没有什么特别的影响。来自吸血蝙蝠真正的危险是它们身上有些可能带有狂犬病毒，会传染给它吸食过的动物（包括人类），而狂犬病毒是致命的，至今人们仍然没有找到治疗狂犬病毒患者的方法。400年以前，当欧洲人到达美洲土地上的时候，他们带去了很多家养的哺乳动物，在很多地区，这些家养的哺乳动物现在仍然是主要的大型哺乳动物。而且这些哺乳动物是吸血的蝙蝠最大的吸食目标，而人类反而很少被吸食。

在三种吸血的蝙蝠里面，有两种偏爱鸟类的血，但是所有的吸血蝙蝠都吸食哺乳动物的血。它们不需要像其他蝙蝠一样，利用回声定位系统来探测寻找猎物所在的位置，实际上，人们认为，在它们寻求猎物的过程中起重要作用的是它们的视力和嗅觉。吸血蝙蝠与其他绝大部分蝙蝠另一个不同点是它们是生活在陆地和天空上的双栖动物，能够用四肢顺利地奔跑，而且奔跑的时候身体利用四只脚和腕关节的支撑，离地面很高。当然，它们也能够跳跃。

世界真奇妙

因为血液很容易消化，所以相应的，吸血蝙蝠的消化系统性能也比较普通，但是因为要容纳非常多的血液，所以胃的第一部分很大而且有很好的弹性，为了排出食物里面多余的液体，吸血蝙蝠每天都要排出很多尿。

吸血蝙蝠

这是吸血蝙蝠的脸的正面，这是一种很小的、但是有时候会致命的哺乳动物。

大蝙蝠亚目，是体形比较大的食果蝙蝠，人们经常称它们为狐蝠，但是它们除了大大的眼睛和长长的光滑的嘴和鼻子之外，没有任何的共同之处。

食果蝙蝠

食果蝙蝠生活在非洲、亚洲和大洋洲的热带地区，以及太平洋的一些岛屿上。虽然某些种类的体形很小，但是有一种食果蝙蝠是世界上体形最大的蝙蝠，它的翅膀完全展开以后有1.7米长，重量可能有1.2千克。所有的食果蝙蝠都没有尾巴。食果蝙蝠的臼齿很平坦，一块很大的隆起横穿过它的嘴的上颚，这样就可以用它和舌头一起来挤压、磨碎食物。

在美洲的热带地区，生活着大约30种食果蝙蝠，虽然它们吃东西的方式和旧大陆的食果蝙蝠很相像，但是它们都属于小蝙蝠亚目里鼻子又尖又长的那个家族。所有食果蝙蝠都生活在热带，因为世界上只有热带才能一年四季每天都能为它们提供特殊的食物，当它们飞行的时候，小蝙蝠亚目是用眼睛来识路的，但是当它们要寻找食物，也就是成熟水果的位置的时候，它们还是要依靠嗅觉。由于适应了以森林里的野生水果为食物，它们有时候会受到商业大种植园里的水果诱惑，跑去偷吃，这个时候，它们就成了人类的害虫。

当它们吃东西的时候，食果蝙蝠有时候可能

狐蝠

这种食果蝙蝠的最典型的特征是它那大大的眼睛和长长的鼻子。

知识窗

食果蝙蝠栖息的时候，会用它们的翅膀把身体周围缠绕起来，就像披着斗篷一样，而且它们会把自己的头保持在一个水平的位置，而不是像小蝙蝠亚目那样，经常把它们的头竖直地挂在下面。

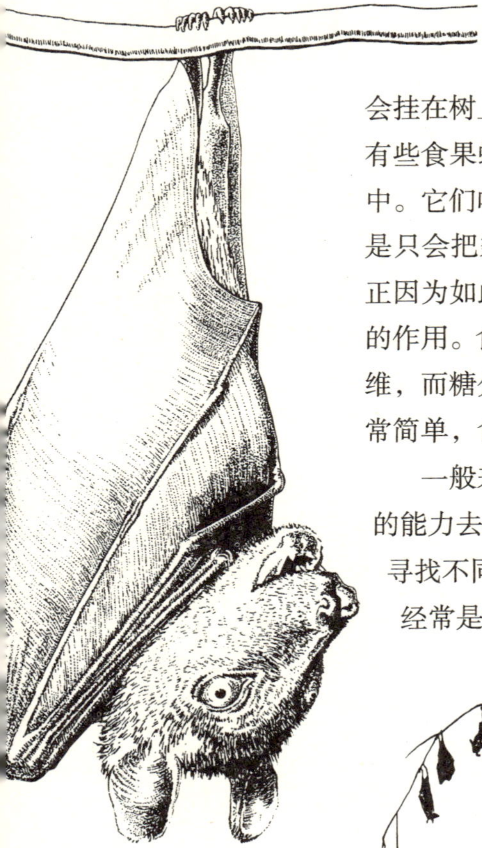

会挂在树上，或者，它们带着食物到处跑，随便到任何一个地方吃。有些食果蝙蝠要摘掉一部分水果的时候，它们甚至可以盘旋在空中。它们吃食物的时候，会把食物彻底地嚼碎或彻底地压碎，但是只会把柔软的果肉咽到肚子里，而把水果的核和种子吐出来。正因为如此，食果蝙蝠对森林里很多果树种子的传播起了很重要的作用。食果蝙蝠吞咽到肚子里的食物含有大量的糖分和一些纤维，而糖分是很容易消化的，因此，它们的消化系统非常短，非常简单，食物也消化得很快。

一般来说，食果蝙蝠都是很强壮的飞行家。它们要有长途飞行的能力去寻找成熟的水果，而且有可能还要在一年不同的季节去寻找不同的水果，很多种类的食果蝙蝠都有自己特殊的栖息地，经常是很高很高的树，而且它们可能会在同一棵树上栖息好几年。有些情况下，可能会有超过100万只食果蝙蝠同时在一个地方栖息。通常的情况是，它们栖息的地方离食物比较远，它们每天都要飞过一段距离去吃东西。食果蝙蝠每胎只生一个孩子，那些妈妈们只陪幼小的蝙蝠几个星期的时间。

一个栖息的群落

可能会有数量众多的食果蝙蝠栖息在一起。

有些蝙蝠以花卉为食物，花蜜为它们提供了容易消化的糖分和花粉，而且花蜜中含有丰富的蛋白质和矿物质。

吃花的蝙蝠

如果蝙蝠的舌头很长，可以自由地伸进伸出，一直伸到花朵最深的地方，那么它就能够解决够不够得着花蜜的问题。对一些吃花粉的蝙蝠来说，它们舌头的长度可以达到它们身体长度的4/1，一般情况下，它们的舌尖有一个乳状突起，把舌头的尾部变成某种刷子，这种刷子最擅长的就是舔食花粉这种特殊的食物了。

以花粉为食物的蝙蝠生活在比较温暖的地区，它们或者属于大蝙蝠亚目，或者属于美洲的那种鼻子又尖又长的家族。绝大部分吃花粉的蝙蝠体形都比较小，但是，它们也许是这个星球上最重要的哺乳动物之一，如果没有它们，很大范围的植物就会灭绝。通过舔食花粉这种行为，吃花粉的蝙蝠实际上也是在为那些夜里开花的植物授粉，很多花的形状都像很深的喇叭，而且很多花都倾向于长一个花粉囊，里面有很多花粉。吃花粉的蝙蝠虽然也浪费了很多花粉，但是，当它们吃花粉的时候，身上会沾上一些细小的花粉颗粒，当它们飞到另一朵花上吃花粉的时候，它们就把上一朵花的花粉粘到这朵花上，这样就完成了植物授粉的过程。例如，香蕉花的花蜜每天只在从黄昏到半夜这一段时间流出来，过了半夜就不流了，它是故意吸引吃花粉的蝙蝠来为它们授粉的。

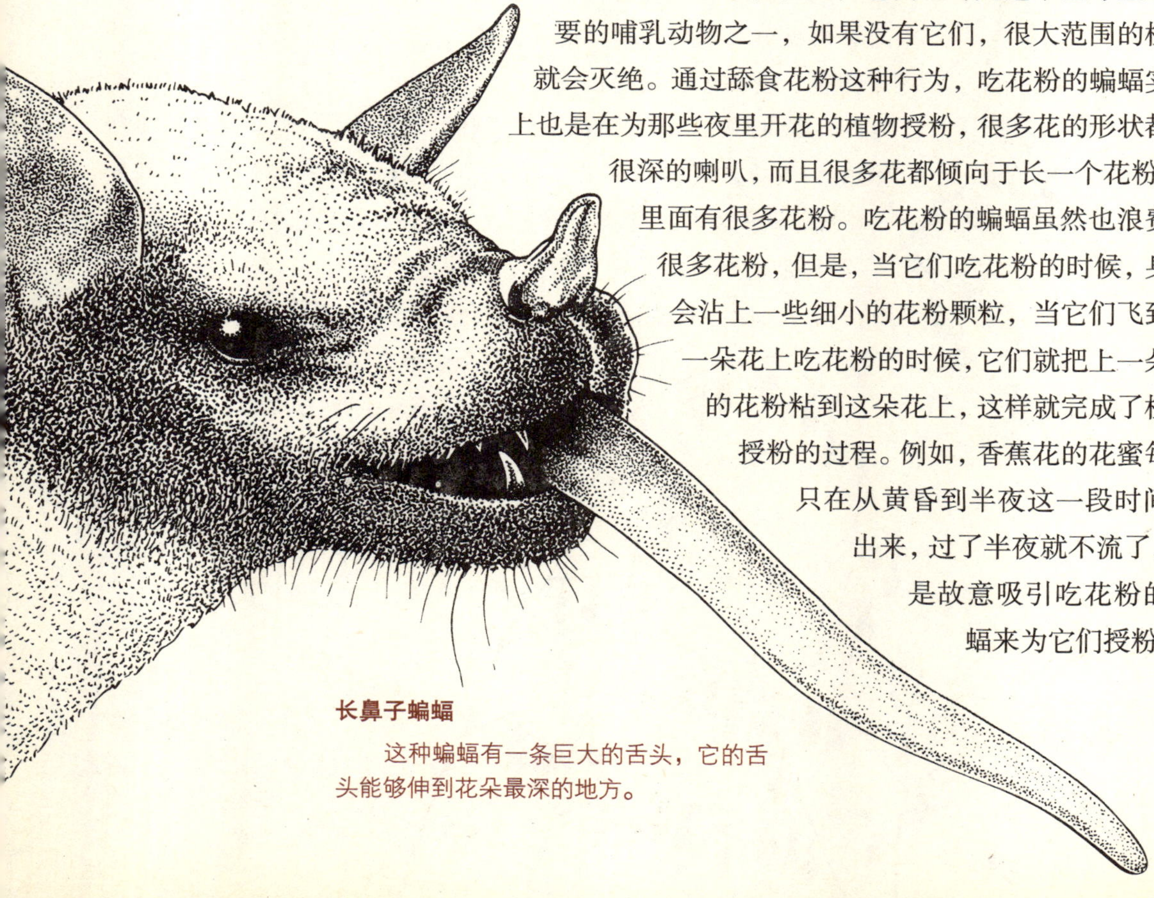

长鼻子蝙蝠

这种蝙蝠有一条巨大的舌头，它的舌头能够伸到花朵最深的地方。

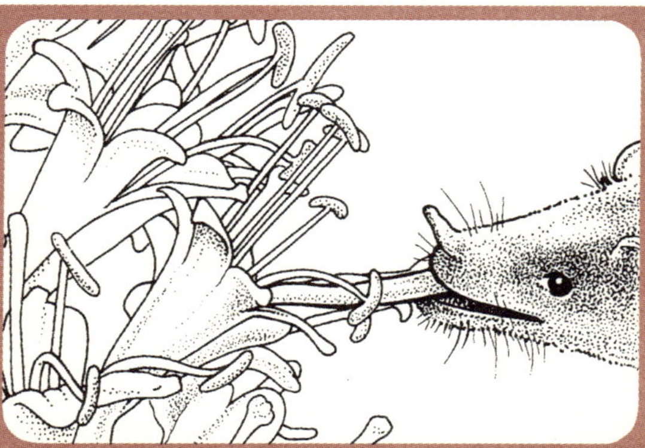

知识窗

作为一个授粉者，蝙蝠到底有多么重要？在美洲，人们已经知道蝙蝠为超过500种的植物授粉，而实际情况很可能比这还要多得多，在旧大陆，蝙蝠也是很重要的授粉者。

西番莲的花每天只在从深夜到黎明这一段时间里生产花蜜。吸引蝙蝠授粉的花儿可能是白色或黄色等比较浅的颜色，它们可能不那么引人注意，主要依靠发出的气味来吸引蝙蝠。为了让吃花粉的蝙蝠更容易接近它们，这些花朵一般开在空旷的叶子或者叶子上长出的硬刺上，或者开在树的主干上。

有些蝙蝠吃花粉的时候可以在空中盘旋，其他的蝙蝠是飞过花朵的时候，降落到花朵上，然后用舌头飞快地蘸一下花蜜。墨西哥长鼻子蝙蝠总是成群结队地飞行，一群里面至少有二十多只蝙蝠。一群蝙蝠中如果有一只找到了花丛，它们就排着队去舔食花蜜，当这个花丛的花蜜变少了以后，它们就去寻找其他的花朵。吃花粉的蝙蝠会给龙舌兰授粉，龙舌兰是酿造龙舌兰酒的原料，它们还会给那些巨大的树形仙人掌授粉，这种仙人掌也是其他很多种动物的乐园。

墨西哥长鼻子蝙蝠

这种哺乳动物以仙人掌花朵里的花蜜为食物。

某些动物迁徙是为了摆脱冬天食物缺乏的情况。它们秋天从高纬度的地方往热带地区迁移，到第二年春天再迁回去。

六 迁徙

为什么要迁徙

对大多数的鸟类而言，迫使它们迁徙的最重要的因素可能不是温度，而是得不到充足的食物。冬天的时候，以昆虫为食物的鸟类生活的地方，可能会没有足够的昆虫来填饱他们的肚子，因此，它们必须迁移到别的地方去寻找食物。人们也许又要问：既然如此，它们为什么不一直呆在热带地区呢？那里一年四季每天都有充足的食物。答案是：夏天飞回到气候比较冷的地方也有很多优势，一是能够充分地利用那里丰富的季节性的虫子；二是那里白天时间很长，它们可以捕食更多的虫子；三是这个时候也是繁殖的好时节。

欧洲和亚洲北部大约2/5的鸟类都是迁徙的，有人曾经计算过，每年大约有500万只鸟从北方往南方迁徙，只有相当少的一部分有可能会返回到原来的地方，鸟类是迁徙数量最多、迁徙距离最远的动物，但是其他飞行的动物也迁徙，甚至一小部分的昆虫和某些种类的蝙蝠也是迁徙的，但是它们都没有高高地在空中飞行

燕子的巢

不久以后这些幼小的燕子就要开始飞往非洲的长途旅行，它们要自己寻找飞往非洲的道路。

重返家园

从阿根廷迁徙回来，这只燕子可能会回到阿拉斯加它自己原来的巢里去。

知识窗

鹡鸰每年要从南往北横穿撒哈拉大沙漠，飞行大约2 000千米，它穿越撒哈拉之后的重量比穿越之前少了9克，失去的重量主要是飞行过程中消耗的脂肪。

的鸟类迁徙得远。

人们给迁徙下定义时，认为迁徙的特征是：如果能够活着返回的话，动物每年会做一次往返的旅行。迁徙与某些动物的游荡不同，与某些动物由于某种偶然因素大规模地迁移也不同。比如，某个动物种群突然大量地繁殖，比通常年份所繁殖的数量多很多，就会导致种群数量大幅度增加，大大超出通常年份所增加的数量，它们就要被迫迁移。像朱缘蜡翅鸟和星鸦等某些鸟类，它们生活在北方的针叶林中，在风调雨顺的年份，它们的种群数量就会突然剧增，然后迁移，但是它们并不做规律的往返旅行。

迁徙可以让动物们找到食物丰富的地方，但是，迁徙本身也要消耗大量的能量。而且，迁徙本身的过程也是很危险的，有天气的因素，也有可能在路途中遭遇饥荒，还要经过许多不熟悉的地区，这些地区有很多食肉动物。有些鸟类迁徙前身上要增加很多脂肪，最多可以达到它们身体重量的一半，即使这样，它们到达目的地的时候也有可能已经濒临饿死，除非它们在途中能够找到食物丰富的地方补给能量。

旅行家

在食物丰富的年份，朱缘蜡翅鸟可能会飞到很远的地方，超出它们平时的生活范围。

为了成功地迁徙，蝙蝠和鸟类要有控制飞行方向的能力。在某些局部地区，鸟类能够记住路标。

回家

迁徙的时候，燕子不太可能记住飞往南美洲必须要经过的所有的路标，也不太可能第二年春天刚好回到它以前住的那个鸟巢。动物们第一次迁徙的时候也不太可能记住它们要记住的所有事情，有关动物迁徙的很多事情还有待人们去发现，但是，我们知道的信息已经能够展现出迁徙的动物们不同寻常的能力。

回家路途中的鸽子

鸽子能准确找到回家的路线，这种能力使得它能够被用来传送信件。

在晴天的时候，一只回家的鸽子能够立即辨认出家的方向，并且出发往家的方向飞去；而在阴天的时候，直觉的反应就不那么准确，但是鸽子通常也能找到回家的路线。看样子似乎是鸽子能够利用太阳作为指南针来判断自己的位置。当然，由于太阳每天都东升西落，横穿过天空，因此鸽子还需要知道时间才能够准确判断自己的位置，它自己身体内部固有的生物钟能够告诉它时间。经过试验，人们发现其他鸟类也有类似的功能，白天迁徙的鸟类可以利用太阳作为方向信号。然而，很多种鸟类是晚上迁徙

世界真奇妙

在鸟类迁徙的时候，把鸟类放到天文馆里面，改变其上表面的“天空”，就会使鸟类面向星星指示的方向，而不是鸟类应该迁徙的方向。

的，它们没有办法利用太阳，但是，它们能够利用天空中星座的位置控制飞行方向。

当天空中乌云密布的时候，鸟类利用上述方式控制飞行方向的准确性就比较差，但是此时它们仍然有能够利用的线索来辨别飞行方向。地球两极的极光或者紫外辐射不会被厚厚的云层挡住，有些鸟类能够利用它们来控制飞行的方向。某些鸟类头部细微的磁力也能够扰乱它们判断方向的准确性，因此，人们猜测它们通常利用地球磁场中的线索来判断方向。有些鸟类还有可能利用频率很低的声音来控制飞行的方向，而这种低沉的声音人类是听不到的，这种声音是风吹过山峰或者海岛的时候所产生的，它们能够持续吹几千千米远。

个别鸟类能够利用多种辨别方法控制飞行的方向。它们的这种能力是本身固有的，不需要学习就能得到。到现在为止，蝙蝠和昆虫长途飞行的时候如何控制飞行的方向，人们知道的还很少，但是有迹象表明，蝙蝠可能利用地球磁场，某些蝴蝶利用太阳控制飞行的方向。

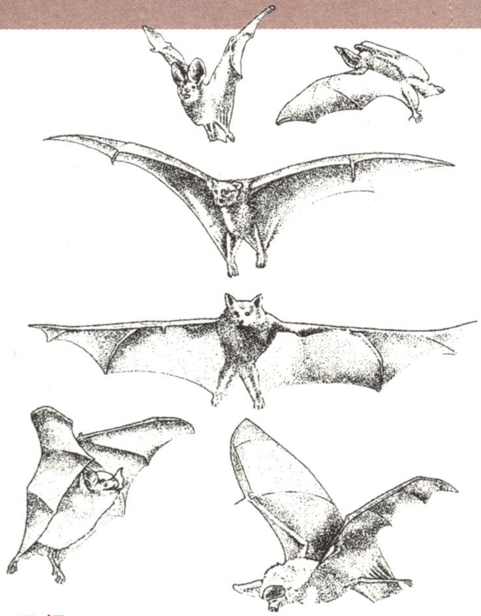

飞行

某些迹象表明蝙蝠可能利用地球磁场作为控制飞行方向的工具。

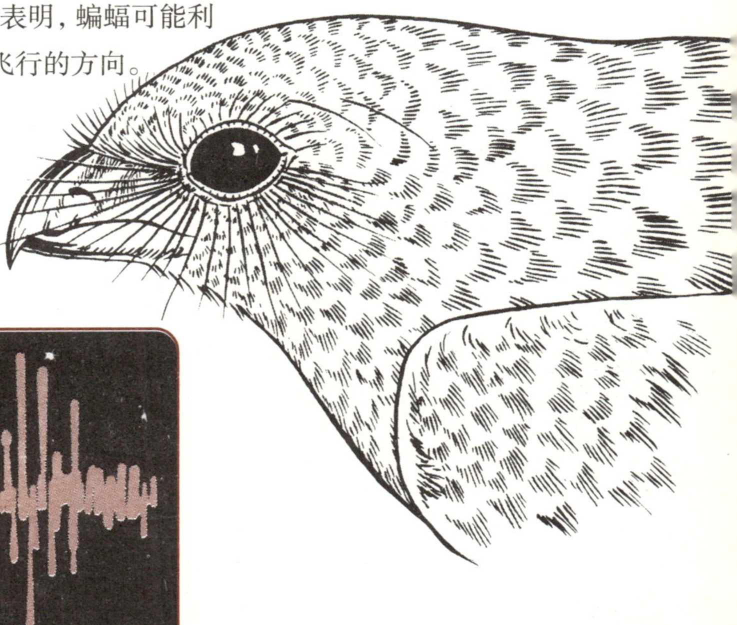

南美产大怪鸱（右图）

南美产大怪鸱的超音速的声波能够帮助它们在黑暗的洞穴里，利用导向目标追踪寻找它们的巢。人们能够记录这种波并且把它在示波器上显示出来（下图）。

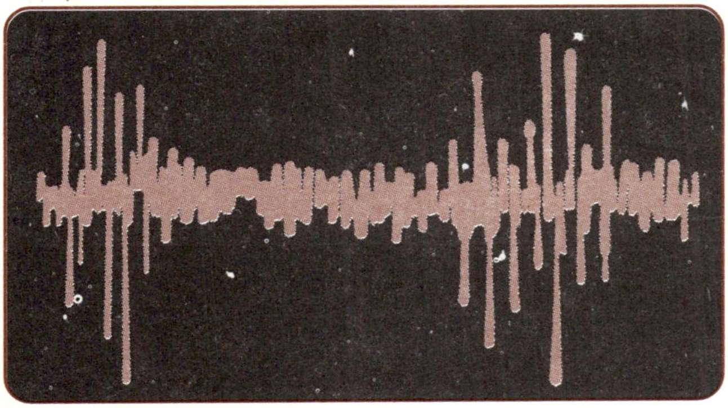

大部分昆虫并不像人们直觉想像的那样迁徙，昆虫个体不是随着季节迁徙，然后晚些时候再迁徙回到原来的地方。大部分的“迁徙”对个体来说都是有去无回的单程旅行。

昆虫的迁徙

蝗虫

蝗虫虽然是很强健的飞行家，但是当它们成群结队地飞去寻找食物的时候，还是要受到风的支配。

蝗虫是一种特别的蚱蜢，它们通常是一只只地单独生活。但是，当条件异乎寻常地有利的时候，在雨天过后，雌蝗虫就会产下很多卵并且成功将它们孵化，这样，蝗虫的密度就会突然增加很多。幼小的蝗虫不能飞，它们在陆地上到处走动和吃东西，发育后，颜色比它们独居的父母鲜艳得多，行为也和父母不一样，它们一般群居，彼此之间很亲密。

这是一支由跳跃者组成的不断移动的大军，最后，它的成员们长出了翅膀，开始大量地飞向天空。虽然一只蝗虫吃的东西很少，然而一个群落全部数目的蝗虫（一大群几乎几十亿只）吃得就很多很多，甚至会造成灾难性的后果。1957年，非洲一个较大的蝗虫群落就吃掉了足够100人吃的庄稼！最后，蝗虫群落来到了一个环境不适合它们的地方，就会被饿死。它们不会回到出生的地方去。

许多种类的蝴蝶也做这种单程旅行。大红蛱蝶是大不列颠岛

蝗虫

群居期的成年蝗虫，翅膀上有很深的斑点。

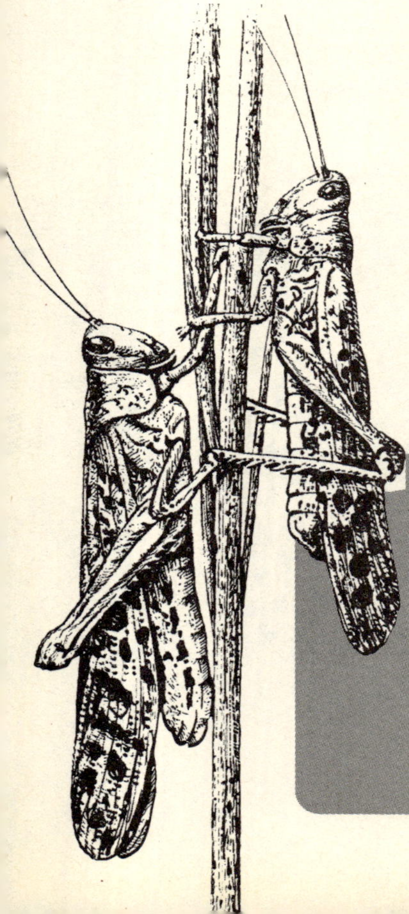

两个阶段

比起那些“正常的”、独居期的亲戚，群居期的蝗虫身上的颜色和图案会更加鲜艳。

群居期的幼虫

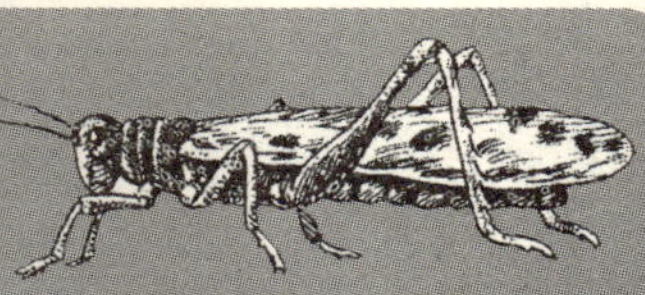

群居期的成虫

独居期的幼虫

独居期的成虫

上很普通的一种蝴蝶，但是到冬天的时候，它们几乎没有能够幸存下来的。到了下一年夏天，从欧洲大陆飞过来的蝴蝶就会补足它们的数目。每年早些时候它们在欧洲南部繁殖，下一代就往北飞，直到有一批蝴蝶飞到大不列颠岛上。大红蛱蝶是另一种每年迁徙到北欧的蝴蝶，有些甚至来自非洲北部。通常，我们并不知道这些蝴蝶飞了多远的路程，在菜粉蝶一生仅仅三周的时间里，它可以从它出生的地方飞到300千米远的地方。

在非洲，有许多种蝴蝶随着季节的变化来来回回地迁徙，迁徙的蝴蝶中，最有名的要数北美的帝王蝶了，这种蝴蝶秋天的时候往南飞，在美国南部和墨西哥北部冬眠，到了下一年春天，它们再开始往北飞，然后繁殖，生出下一代。

知识窗

帝王蝶是很强的飞行者，它们迁徙过程中可以飞行3 000千米，带有标记的科学试验用的帝王蝶平均每天飞行129千米。

蝴蝶树

冬天，墨西哥会有数以千计的帝王蝶挤在一起，就像一棵树一样。

虽然在远距离迁徙这种活动上，蝙蝠们不是鸟类的对手，但是，人们已经知道，许多种蝙蝠在某些地区之间规则地随季节变化而迁徙。这些地区通常包括那些对冬眠来说很重要的地方，还包括那些特别适合做“托儿所”的地方，有些蝙蝠飞到那里去培育它们的后代。

蝙蝠的迁徙

当寒冷的冬天到来的时候，面对着没有昆虫、没有食物的情况，蝙蝠一般会采用与鸟类完全不同的生存策略：冬眠。蝙蝠会找一个隐蔽的地方，冬天的大部分时间里它们都蛰伏在那里冬眠。冬眠的时候，虽然它们有些时候遇到适合的天气，也会短暂地出来活动一段时间，但是它们身体的温度和身体器官活动频率都会降低许多。大部分大不列颠岛上的蝙蝠一般会一直冬眠到将近第二年的夏季，那些生活在冬季气候异常寒冷的地方的蝙蝠就需要迁徙到温暖的地方。褐色大蝙蝠是一种很强壮的飞行者，每年秋天的时候它们都会从俄罗斯向南飞500千米甚至更远。

在北美洲，到秋天的时候，数量众多的红色蝙蝠和灰白色蝙蝠就会离开加拿大和美国北部，飞行数百千米，飞到美国南部过冬，然后第二年春天再返回它们自己的家园。

一种小型棕色蝙蝠会采用一种与众不同的方式过冬，它们通常聚集在一起冬眠。条件合适的山洞可能会聚集很大一批这种蝙蝠前去冬眠。到冬天的时候，埃俄罗斯山、佛蒙特山的山洞里，经常会聚集30万只这种蝙蝠冬眠。根据脚环

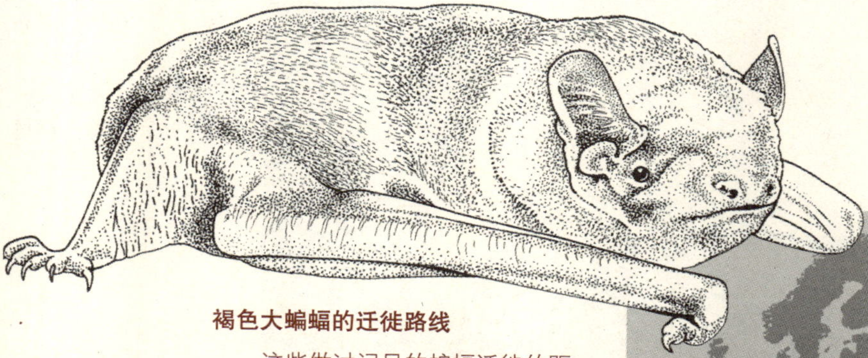

褐色大蝙蝠的迁徙路线

这些做过记号的蝙蝠迁徙的距离十分惊人。

（动物学家实验用的系在动物脚上的一种环，它可以用来跟踪动物的踪迹）显示，到了夏天，这些蝙蝠会分散到大约274千米宽的地区。肯塔基山的山洞给印第安纳蝙蝠以隐蔽的冬眠之处，从印第安纳蝙蝠的名字我们可以知道，这种蝙蝠生活在印第安纳州，到第二年春天的时候，它们要往北飞行超过483千米才能回到它们原来生活的地方。荷兰和挪威著名的蝙蝠冬眠“胜地”是石灰石的山洞和采石场里的石柱，它们吸引了80千米以外甚至更远地方的蝙蝠前来冬眠。

有些食果蝙蝠会随着季节迁徙，但是它们的这种方式与很冷的天气关系不大，而与水果的丰富程度或者雨季和旱季的交替变化有很大关系。例如，在西部非洲的象牙海岸，当热带稀树大草原地区的雨季来临，食物开始丰富的时候，脖子上有领圈的小型食果蝙蝠就从森林地区往北飞行到那里去。然后在这一年的晚些时候再飞回到森林地区。

知识窗

家蝠是人们意料之外的一种迁徙者，这些小型蝙蝠并没有出名的飞行能力。人们给家蝠做了记号，发现它们竟然能从俄罗斯飞到保加利亚、土耳其和希腊。有一些单程就可以达到1 600千米。

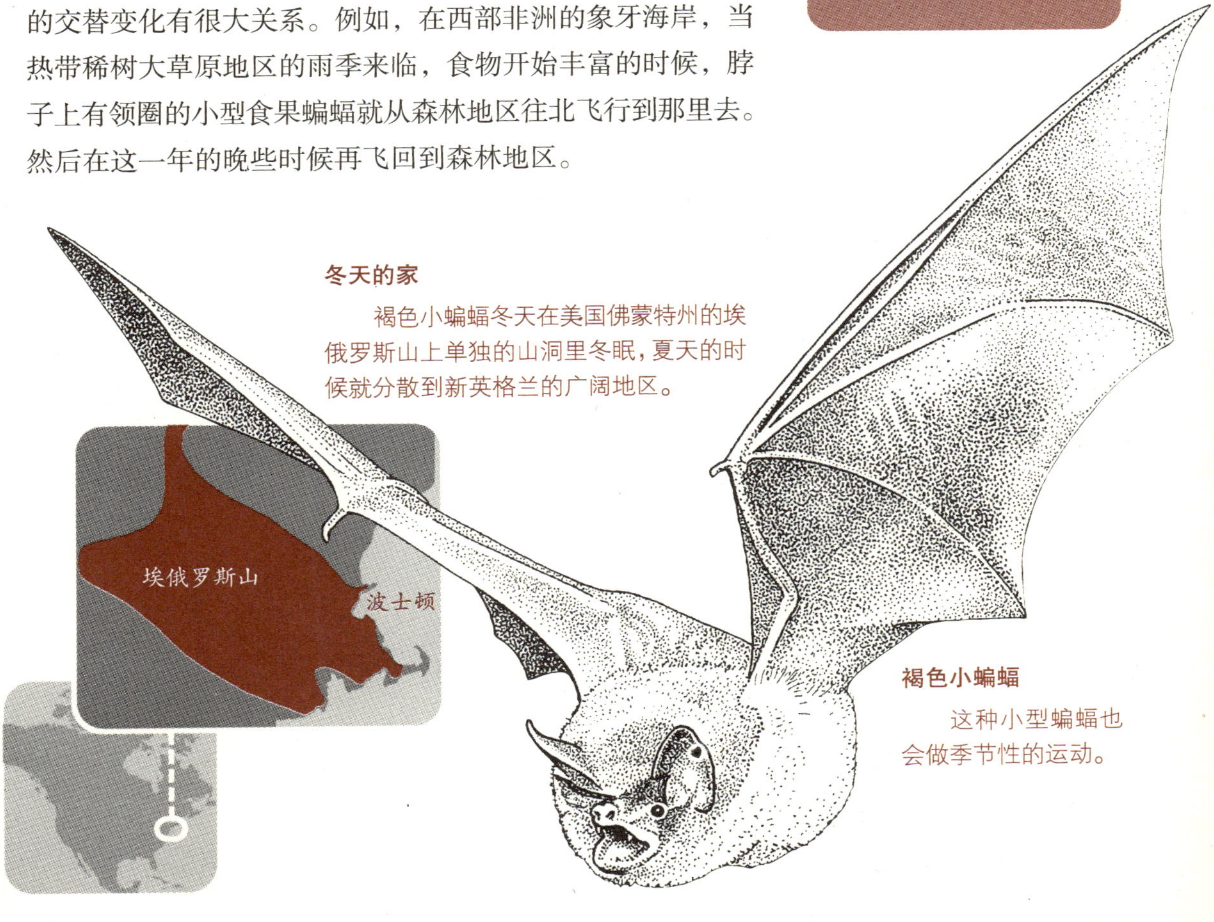

冬天的家

褐色小蝙蝠冬天在美国佛蒙特州的埃俄罗斯山上单独的山洞里冬眠，夏天的时候就分散到新英格兰的广阔地区。

褐色小蝙蝠

这种小型蝙蝠也会做季节性的运动。

在世界上很多地方，迁徙的候鸟比不迁徙的留鸟数量要多得多。在北美洲，不论体形大小，从蜂雀到稀有的美洲鹤，所有的鸟类每年都要迁徙到南美洲来避过北美洲的寒冬。以前由30亿只候鸽组成的巨大的鸟群飞过天空的时候，会把太阳都遮住了，可是后来候鸽遭到了人们的捕杀，到了1900年的时候，它们就灭绝了，所以我们现在再也看不到北美洲历史上最壮观的这种迁徙了。

鸟类的迁徙

鸟类种群的研究和科学家安装在某些鸟类个体上的项圈，能够让科学家们跟踪鸟类的迁徙路线。有些路线与人们所期待的相符，海鸟迁徙的时候一般从海洋上飞行，而不是陆地上空；而很多陆地鸟类迁徙的时候则尽量减少穿越海洋上空的飞行。在北美洲，许多主要的地理特征都是南北变化的，许多迁徙的鸟类趋向于沿着这些地理特征飞行。所以在落基山脉的西边一侧就出现了一条候鸟迁徙的太平洋路径，水禽和许多生活在陆地上的鸟类都沿着这条路径迁徙；密西西比河则是另外一条主要的路径，山鸟类、画眉、鸣鸟类和海滨的鸟类沿着这条路径迁徙。

欧洲迁徙到非洲的鸟类也有两条路径可以选择，一条横穿过直布罗陀海峡和摩洛哥，另一条经过地中海的最东端，而不必在它最宽的地方横穿过去。白鹳经过地中海

飞向非洲

白鹳每年从欧洲北部，经过直布罗陀海峡或者中东飞到非洲。

周围的那条路线取决于它生活的地方。

现代鸟类中迁徙的候鸟可能起源于地球上最后一个冰期的末期。当冰块融化的时候，鸟类就可以扩大它们夏天寻找食物的活动范围，但是等到北半球进入冬季的时候，它们仍然要回到它们原来所生活的既安全又温暖的地方。渐渐地，夏天寻找食物的范围越来越大，有些鸟类发现了新的过冬的地方，这些地方在它们夏天寻找食物的正南方。例如燕子，它们可能起源于非洲，但是夏天的时候，人们可以在北半球的很多地方见到它们，现在北美洲的家燕迁徙到南美洲过冬。

有些鸟类虽然夏天广泛地散布在一个巨大的范围之内，但是到了冬天，它们仍然沿着传统的路线迁徙回到它们起源的地区。夏天生活在阿拉斯加的麦翁在返回到非洲的途中，要横穿过整个亚洲；而生活在格陵兰岛和加拿大东部的鸣鸟则先要飞到欧洲，然后和那里的鸣鸟一起飞回非洲。这两条路径都是从北美洲的两侧出发，它们几乎和麦翁迁移到美洲大陆的路径相同。阿拉斯加的柳莺也要迁徙很长很长的路程才能到达非洲。

知识窗

某些鸟类，在它们夏天活动的范围内，一部分区域内个体迁徙，而其他区域的个体却不迁徙。在北美洲，嘲鸟家族的许多鸟类都要迁徙，但是一部分仍然留下来度过寒冷的冬天。

迁徙路径

燕子和麦翁迁徙时的飞行路径，已经有几千年的历史了。

家燕

麦翁

欧洲很多体形小的候鸟，每年到达目的地时要飞行9 000千米以上，在它们一生里，每年都要重复飞行这么远的距离。

最了不起的旅行家

燕子每年秋天要迁徙到非洲南部或者阿根廷，然后第二年春天再回来。迁徙的每个单程它们都要飞行1.1万千米。但是，它们还不是迁徙的候鸟中飞行最远的。

北极燕鸥夏天在北半球北极圈周围的区域繁殖。当北半球进入冬季的时候，它们就迁徙到地球的另一边，到达南极洲的边缘。一只北极燕鸥一生绝大部分的时间都是在白天度过的，因为夏天南极会出现极昼现象。它们一年迁徙的总路程可以达到3.54万千米，这是人们公认的最长的迁徙路程，而麦翁每年从非洲返回到阿拉斯加它们自己的家园，也要飞差不多这么远的路程。北极燕鸥迁徙的时候大部分是从海洋上空飞过，而麦翁绝大部分则是从陆地上空飞过，它们都保留了各自的基本特征。有些鸟类迁徙的时候甚至还要横穿过有天敌的地区。生活在阿拉斯加的金海鸥每年都要迁徙到夏威夷，迁徙的路程中，有一段超过3 000千米的路程是一直飞行在海洋上空，途中连一个歇脚休息的机会都没有。新西兰杜鹃要飞行1 600千米甚至更远才能到达目的地——太平洋中热带地区的岛屿。生活在格陵

环游世界的旅行者

北极燕鸥是所有候鸟中迁徙距离最远的，每年它们都要从北极飞到南极，要飞3.5万千米远。

北极燕鸥

红颈蜂鸟

兰岛的某些鸣鸟，它们每年从格陵兰岛直接穿越大西洋飞到西班牙，而不是选择从冰岛中转，然后飞到大不列颠岛这条路径。这意味着，它们要在太平洋上空飞行3 000千米，在这一段时间里，它们要一直飞行，一刻也不能停下来，只有顺风的时候它们才能够不费力地滑翔，而在这 3 000 千米的路程中，逆风对它们来说是致命的打击。美国黑顶白颊林莺迁徙时也是选择从美国东部直接穿过加勒比海这条路径，然后飞到南美洲，这段路程总共有大约4 000千米。人们已经知道，在飞行的过程中，为了更好的利用顺风，它们会经常改变飞行高度。其他鸟类迁徙的时候可能也会有同样的动作。

即使是在体形很小的蜂鸟之中，它们迁徙的时候，经常会做令人惊奇的灵巧的动作。红颈蜂鸟每年从美国迁徙到墨西哥尤卡坦半岛上，迁徙的每个单程要在海洋上空飞行 800 千米。

知识窗

迁徙者飞行的时候总是飞得又高又远，体形小的候鸟迁徙的时候可能飞 6 000 米或者更高。有些时候，它们要飞越高山，这个时候它们总是选择最容易的路径。有些鸟类会飞越山的最高峰。斑头雁在从印度迁徙到它们亚洲主要的繁殖地点时，要翻越喜马拉雅山脉，有时候飞得甚至比世界最高峰珠穆朗玛峰还要高。

斑头鹅

七 时间表

生物进化纪年表

时间			发生的现象或出现的事物
5 000—4 000	4 550	百万年	地球形成
4 000—3 000	3 600	百万年	生命起源
3 000—2 000	2 400	百万年	第一个有细胞核的生物出现
	2 000		“现代”大气形成
2 000—1 000	1 400	百万年	第一个多细胞生物出现
1 000—500	560	百万年	最初的多细胞动物成了海洋生物群落
	545		浅海出现生物大爆炸；第一个贝类动物出现
500—250	417	百万年	最初的陆生动物
	360		最初的两栖动物
	325		最初的爬行动物
	300		原始的蜻蜓
早期蜻蜓	295		进化出了翅膀合拢的昆虫
250—100	250	百万年	会滑行的爬行动物出现
	220		早期翼龙出现
	210		最初的哺乳动物
	200		长鳞蜥、滑翔蜥和最初的青蛙出现
	155		短尾翼手龙出现
	150		始祖鸟出现
始祖鸟	130		反鸟类出现
	125		热河鸟出现
100—现在	100	百万年	早期的飞蛾
	85		早期的水鸟
	70		反鸟类灭绝
	65		最大的翼龙灭绝；只有“现代的”鸟类幸存下来；恐龙灭绝
飞龙	55		第一只吃虫子的蝙蝠出现
	50		早期的猫猴
	40		第一只鸭子出现
	38		早期的蜜蜂
	35		蹄鼻蝠已经进化出来
现代鸟	30		已知最早的食果蝙蝠

化石可以帮助科学家们判断不同种类的植物和动物最早出现的时间。

代	亿年前	纪	主要现象或出现的事物
原生代	25—5.43	原生代时期	 细菌，简单的动物，植物出现
古生代	5.43—4.9	寒武纪	 无脊椎海洋动物昌盛
	4.9—4.43	奥陶纪	 早期鱼类出现
	4.43—4.17	志留纪	 陆生植物和陆生节肢动物出现
	4.17—3.54	泥盆纪	 昆虫和两栖动物出现
	3.54—2.9	石炭纪	 爬行动物和飞行的昆虫生活在森林中
	2.9—2.48	二叠纪	 爬行动物盛极一时
中生代	2.48—2.06	三叠纪	 恐龙的天下，哺乳动物出现
	2.06—1.44	侏罗纪	 鸟类出现，翼龙昌盛
	1.44—0.35	白垩纪	 被子植物出现
新生代	6 500—180 万年前	三叠纪	 恐龙灭绝，哺乳动物广为散布
	180 万年前至今	四叠纪	 人类占统治地位

相关网站

因特网上有大量有用的信息和许多有趣的网站。另外，要想获取关于某一特定话题的信息，可以使用搜索引擎，如Google(http://www.google.com)。通过这种方式找到的网站，有的非常有用，有的则并非如此。为此，我们特地精选了一些与本书讲述内容相关的网站，列在下面。这些网站以提供有用的科学知识为主，并大多附有丰富多彩的图片。

Facts On File, inc.对这些网站所包含的信息不负任何责任。

两栖动物
提供了大量信息来源链接，介绍了各种各样的两栖动物。
http://www.herper.com/amphibians.html

澳大利亚野生动物：有袋动物
介绍了有袋动物的相关知识。
http://www.australianwildlife.com.au/features/marsupials.htm

BBC 教育频道：进化：灭绝
解释了地球历史上所有的物种大灭绝现象。
http://www.bbc.co.uk/education/darwin/exfiles/massintro.htm

BBC 与野兽同行节目：化石的形成
生动地解释了一些化石的形成过程。
http://www.bbc.co.uk/beasts/fossilfun/makingfossils/

蚓螈
提供了大量关于蚓螈的图片和信息。
http://www.caecilian.org

加州“海龟与乌龟”俱乐部
提供了各种各样的站点链接，介绍关于乌龟和海龟的知识。
http://www.tortoise.org/cttclink.html

动物大观园：哺乳动物
为那些介绍各类现存哺乳动物的资料提供了出色的索引。

http://www.geobop.com/Mammals/

开放目录工程：古生物学
综合列出了各种网络资源。
http://dmoz.org/Science/Earth_Sciences/Paleontology/

古生物：鸟类
对不飞鸟进行了学术性分类。
http://www.palaos.com/Vertebrates/Units/350Aves/goo.html

灵长类网站
提供了关于灵长类的大量图片和详细说明。
http://www.primates.com

生命起源网站档案文件：放射测年法与地质时间表
详尽解释了岩石及内含化石的年份是如何测定的。
http://www.talkorigins.org/faqs/dating.html

UCB，古生物学博物馆：生物群落区
提供了关于生物群落区的事实性知识。
http://www.ucmp.berkeley.edu/glossary/gloss5/biome/

UCB，古生物学博物馆：对巨颊龙的介绍
介绍了一些关于巨颊龙的知识，提供了介绍其他原始爬行动物的网站链接。
http://www.ucmp.berkeley.edu/anapsids/pareiasauria.html

曼彻斯特大学，地球科学系：古生代的蛛形纲动物
提供了非常有趣的蜘蛛化石的照片。
http://www.earth.man.ac.uk/research/projects/1/site/photos.html

密歇根州立大学，动物学博物馆：后兽亚纲动物
介绍了关于有袋动物的学术性知识。
http://animaldiversity.ummz.umich.edu/chordata/mammalia/metatheria.html

密歇根州立大学，动物学博物馆：单孔类动物
介绍了关于产卵的哺乳动物的学术性知识。
http://animaldiversity.ummz.umich.edu/chordata/mammalia/monotremata.html